Jürgen Beckmann
Spezielle Relativitätstheorie

Weitere empfehlenswerte Titel

Vom Energieinhalt ruhender Körper
Ein thermodynamisches Konzept von Materie und Zeit
Grit Kalies, *2019*
ISBN 978-3-11-065556-8, e-ISBN (PDF) 978-3-11-065696-1,
e-ISBN (EPUB) 978-3-11-065570-4

Self-organization of Matter
A dialectical approach to evolution of matter in the microcosm and
macrocosmos
Christian Jooss, *2020*
ISBN 978-3-11-064419-7, e-ISBN (PDF) 978-3-11-064420-3,
e-ISBN (EPUB) 978-3-11-064431-9

Experimentalphysik
Band 2 Wärme, Nichtlinearität, Relativität
Wolfgang Pfeiler, *2020*
ISBN 978-3-11-067561-0, e-ISBN (PDF) 978-3-11-067569-6,
e-ISBN (EPUB) 978-3-11-067582-5

Gravitation und Relativität
Eine Einführung in die Allgemeine Relativitätstheorie
Holger Göbel, *2016*
ISBN 978-3-11-049437-2, e-ISBN (PDF) 978-3-11-049439-6,
e-ISBN (EPUB) 978-3-11-049163-0

General Relativity: The most beautiful of theories
Applications and trends after 100 years
Hrsg. v. Carlo Rovelli, *2015*
ISBN 978-3-11-034042-6, e-ISBN (PDF) 978-3-11-034330-4,
e-ISBN (EPUB) 978-3-11-038364-5

Reihe: *De Gruyter Studies in Mathematical Physics*
ISSN 2194-3532, e-ISSN 2194-3540

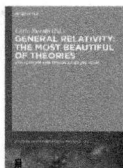

Jürgen Beckmann

Spezielle Relativitätstheorie

Von Null auf Lichtgeschwindigkeit

DE GRUYTER
OLDENBOURG

Mathematics Subject Classification 2010
83-01, 83A05

Author
Dr. rer. nat. Jürgen Beckmann
An der Baumschule 23
57462 Olpe
jbeckmann@be-patent.de

ISBN 978-3-11-073744-8
e-ISBN (PDF) 978-3-11-073745-5
e-ISBN (EPUB) 978-3-11-073271-9

Library of Congress Control Number: 2021936230

Bibliografische Information der Deutschen Nationalbibliothek
Die Deutsche Nationalbibliothek verzeichnet diese Publikation in der Deutschen
Nationalbibliografie; detaillierte bibliografische Daten sind im Internet über
http://dnb.dnb.de abrufbar.

© 2021 Walter de Gruyter GmbH, Berlin/Boston
Umschlaggestaltung: humonia / iStock / Getty Images Plus
Satz: le-tex publishing services GmbH, Leipzig
Druck und Bindung: CPI books GmbH, Leck

www.degruyter.com

Vorwort

Trotz der Lektüre populärwissenschaftlicher Literatur und der Teilnahme an einschlägigen Seminaren im Physikstudium blieb dem Autor lange Zeit das Gefühl (oder besser gesagt die Erkenntnis), die Spezielle Relativitätstheorie Albert Einsteins nicht wirklich verstanden zu haben. Dazu passend bekannte in einer Vorlesung über Experimentalphysik ein renommierter Professor, die Relativitätstheorie verstehe man nicht, man gewöhne sich nur daran.

Doch diese Aussage ist eindeutig zu pessimistisch. Denn einige Jahre später hat eine erneute intensive Beschäftigung mit dem Thema[1] schließlich doch zu verschiedenen Aha-Effekten geführt und damit zu dem schönen Gefühl, es endlich begriffen zu haben.

Das vorliegende Buch möchte den Leser an diesem Gefühl teilhaben lassen und stellt den Versuch dar, eine gründliche Einführung in die Relativitätstheorie in kleinen, verständlichen Schritten zu vermitteln. Dabei sollen die Probleme und Hürden sorgfältig aus dem Weg geräumt werden, die dem Autor lange ein echtes Verständnis versperrt haben. Damit verbindet sich die Hoffnung, dass das Buch als eine Art Vorkurs die vorhandene, umfangreiche Literatur um einen hilfreichen Baustein ergänzt.

Für die betrachteten Gedankenexperimente und Versuche benötigt man nicht mehr als ein paar (gleichartige) Lichtquellen, Spiegel und Lineale. Insbesondere vermittelt eine sogenannte Lichtuhr tiefe Einsichten, bei der zwischen zwei parallelen Spiegeln ein Lichtstrahl hin und her reflektiert wird und jede Rückkehr zum Ausgangsspiegel ein *Tick* – d. h. eine Zeiteinheit – darstellt.

In mathematischer Hinsicht werden einfache Gleichungsumformungen sowie der Satz des Pythagoras gebraucht. Wer die berühmte Formel $E = m \cdot c^2$ vollständig nachvollziehen will, sollte Grundkenntnisse in Differenzial- und Integralrechnung mitbringen.

Jürgen Beckmann   Dezember 2020

---

1 Grund für die erneute Beschäftigung mit der Relativitätstheorie war u. a. die Überlegung, ob unterschiedliche radioaktive Zerfallszeiten auf der unterschiedlichen Bewegungsgeschichte (Zeitdilatation!) der zerfallenden Teilchen beruhen könnten.

https://doi.org/10.1515/9783110737455-201

Inhalt

Teil II: **Zeit und Länge bewegter Objekte**

Teil III: Koordinatentransformation zwischen Inertialsystemen

Teil IV: Masse und Energie

Teil I: **Zeit und Länge ruhender Objekte**

1 Raum und Zeit

Wenn man mit der Untersuchung unserer Welt ganz vorn, also bei Null anfangen will, beginnt dies beim Nichts. Dessen Beschreibung ist einfach, denn hierüber gibt es nichts zu sagen – fertig.

Das Nächsteinfache nach dem Nichts dürfte der leere Raum sein.

Aber ob es einen **leeren Raum**, ein leeres Universum ohne Materie, ohne Energie, ohne Felder oder irgendwelche anderen uns heute bekannten physikalischen Objekte gibt, weiß man im Grunde nicht.

Sodann stellt sich die Frage nach dem **Beobachter**: Wer sollte diesen leeren Raum sehen, wahrnehmen und beurteilen können, ohne selbst Teil des Raums zu sein und verändernd auf ihn einzuwirken? Auch diese Frage muss offengelassen werden, und im Folgenden wird des Öfteren stillschweigend angenommen, dass es einen derartigen geisterhaften externen Beobachter gibt.

Ob es in einem solchen leeren Raum so etwas wie **Zeit** gibt, weiß man ebenfalls nicht. Eine solche Annahme scheint eher sinnlos zu sein, denn Zeit ist gleichbedeutend mit Veränderung, und was sollte sich in einem leeren Raum schon verändern?

Der berühmte Physiker Isaac Newton nahm an, dass ein absoluter Raum und eine absolute Zeit zumindest im Bewusstsein Gottes existieren.

Homogenität und Isotropie

Einige wichtige Eigenschaften kann man der Vorstellung eines leeren Raums und einer ereignislosen Zeit jedoch schon „ansehen" (Abb. 1.1):

Abb. 1.1: Der leere Raum und die ereignislose Zeit sind offensichtlich homogen und isotrop.

https://doi.org/10.1515/9783110737455-001

So sieht der Raum überall und in jede Richtung gleich aus, d. h. es sollte keinen Unterschied machen, **wo** etwas im Raum passiert (falls es denn passiert). Dass der genaue Ort im Raum keinen Einfluss auf die dort stattfindenden Vorgänge hat, nennt man die **Homogenität** des Raums. Dass die Richtung der Vorgänge im Raum keinen Einfluss auf ihren Ablauf hat, wird als **Isotropie** des Raums bezeichnet.

Auch für die Zeit gibt es eine Homogenität, da es keine Rolle spielen sollte, zu welchem Zeitpunkt ein Vorgang (bei ansonsten gleichen Randbedingungen) stattfindet.

Die erwähnten Eigenschaften der Homogenität und Isotropie sind nicht nur intuitiv plausibel, sie haben sich auch bisher experimentell bestätigt.

2 Objekte in Raum und Zeit

Physik kann anfangen, wenn ein erstes **Objekt** im Raum vorhanden ist (oder anders gesagt: einen Bereich im Raum ausfüllt oder vielleicht auch überhaupt erst den Raum erzeugt). Das Objekt könnte beispielsweise ein Elementarteilchen (Elektron, Photon, Proton etc.), ein einzelnes Atom (z. B. Wasserstoff) oder ein aus mehreren Bestandteilen zusammengesetzter starrer Körper, ein Kaninchen oder eine Galaxie sein.

Bezugskörper

Mit einem einzigen Objekt (und dem stillschweigend angenommenen Beobachter) lässt sich jedoch noch nicht wirklich viel anfangen. Bewegungen des Objekts im Raum oder Formveränderungen des Objekts lassen sich erst feststellen, wenn man mindestens ein weiteres Objekt zum Vergleich hat (Abb. 2.1). Relativ zu diesem weiteren Objekt, dem sogenannten **Bezugskörper**, lässt sich dann das beobachtete Objekt beschreiben. In diesem vergleichenden Beschreiben liegt der Kern des Begriffs Relativität, der in verschiedenen Termini vorkommt.

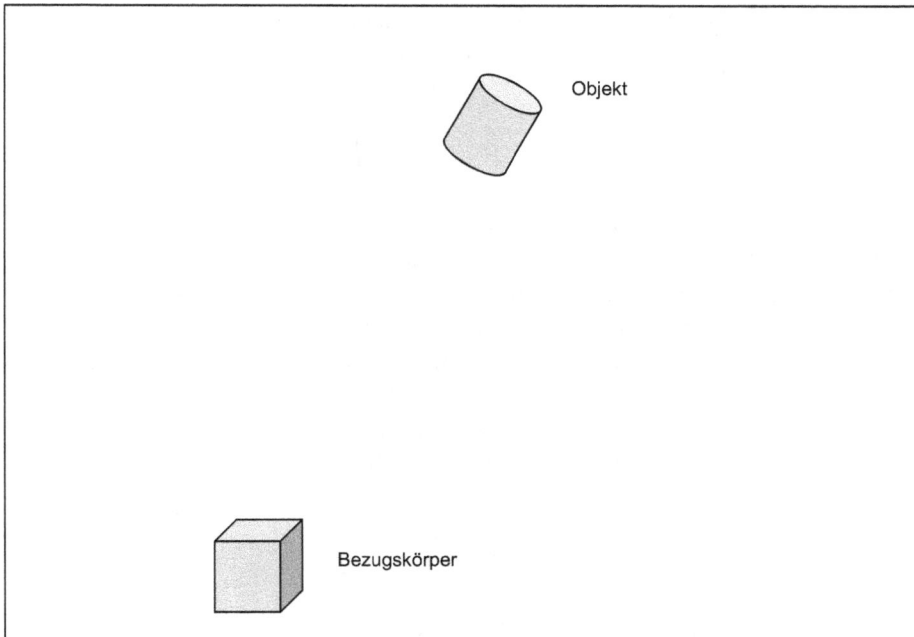

Abb. 2.1: Raum mit einem einzigen Objekt und einem einzigen Bezugskörper. Die Abbildung ist insofern täuschend, als sie bereits Form und Größe der Objekte darstellt, die erst noch mit geeigneten Mitteln zu bestimmen sind.

https://doi.org/10.1515/9783110737455-002

Hätte man nur den einen Bezugskörper und das eine Objekt, ließe sich noch immer nicht viel über die Welt herausfinden. Der Beobachter könnte vielleicht feststellen, ob sich Bezugskörper und Objekt in einem oder mehreren Punkten berühren oder gar durchdringen (d. h. sich im selben Raumbereich aufhalten, falls dies möglich sein sollte). Für komplexere Aussagen über Formen oder Abstände wären jedoch weitere Vergleichskörper notwendig.

Immerhin könnte wohl so etwas wie Zeit detektiert werden aufgrund einer Veränderung der festgestellten Kontaktpunkte zwischen Bezugskörper und Objekt.

So manche Frage bleibt indes offen:

- Bleibt die Zeit zwischendurch einmal für einen Dornröschenschlaf einfach stehen?
- Vergeht die Zeit immer gleich schnell oder rast sie manchmal, um anschließend zu schleichen?
- Bläht sich der Raum mitsamt den Objekten gelegentlich auf ein Vielfaches auf, um dann wieder zusammenzufallen?

Vieles hiervon kann man gefahrlos als zutreffend annehmen, da es letztlich bei dem einzig beobachtbaren Vergleich zwischen verschiedenen Objekten nicht nachweisbar bzw. widerlegbar wäre. Physik beschränkt sich indes auf solche Aussagen, die beobachtbaren Erfahrungen und Unterschieden entsprechen.

Für eine umfassende Untersuchung von Raum und Zeit bzw. Objekten in Raum und Zeit sei im Folgenden angenommen, dass ausreichend Bezugskörper zur Verfügung stehen, mit denen sich vergleichende Beobachtungen ausführen lassen.

Beobachter

Über den geisterhaften Beobachter wird sodann realistischerweise angenommen, dass er nicht allgegenwärtig ist und den gesamten Raum auf einmal erfassen kann, sondern selbst an einen Ort darin gebunden ist. Von verschiedenen Punkten des Raums kann er Informationen nur über physikalische Prozesse wie insbesondere Lichtstrahlen erhalten (Abb. 2.2). Von einem Geist zu einem realen Objekt wird der Beobachter mit der zusätzlichen Annahme, dass seine Einwirkungen auf die beobachteten Prozesse zwar vorhanden, aber so klein sind, dass sie vernachlässigt werden können – spätestens jedenfalls, nachdem er alle Objekte durch aktive Einwirkung in eine gewünschte Konfiguration (Versuchsaufbau) gebracht hat.

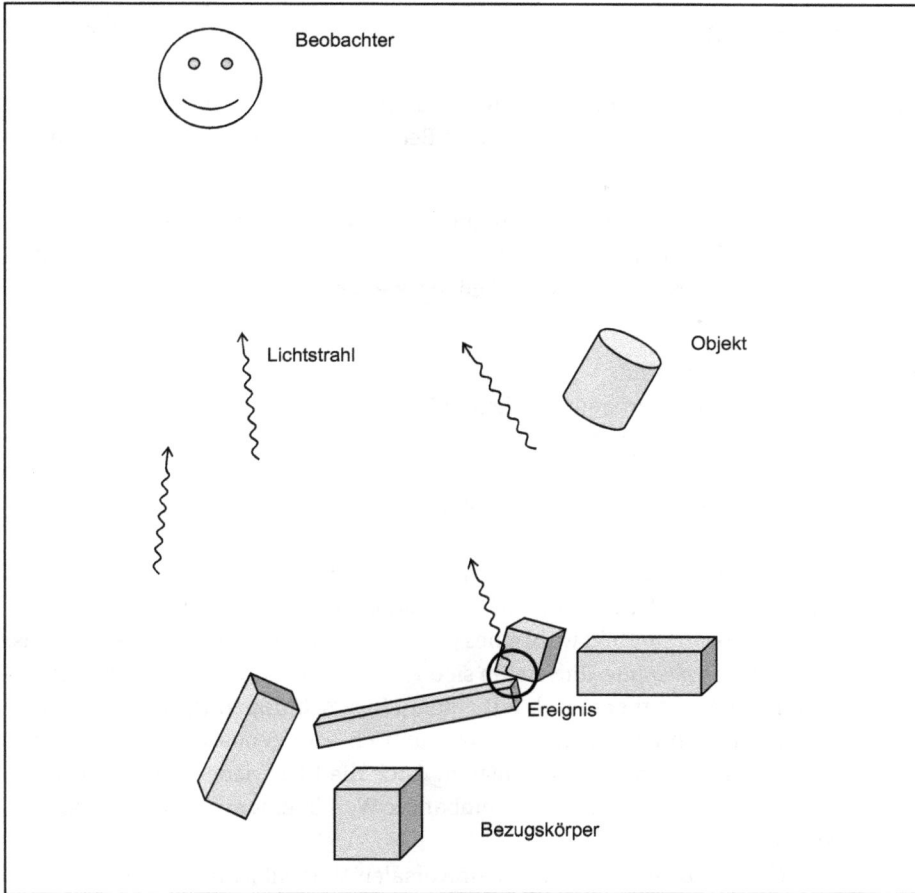

Abb. 2.2: Raum mit Objekt, Bezugskörpern, Beobachter und Licht.

3 Ereignisse

Eine zentrale Erkenntnis der Speziellen Relativitätstheorie besteht nun darin, dass die dem Beobachter möglichen elementaren Beobachtungen sogenannte **Ereignisse** sind:

Ereignis: Vorgang, der an einem bestimmten Raumpunkt zu einem bestimmten Zeitpunkt passiert, wobei der Begriff Punkt je nach dem zur Verfügung stehenden Auflösungsvermögen der Messapparate ein möglichst kleines Raumgebiet bzw. Zeitintervall meint.

Beispiele für Ereignisse sind:
- Zwei Elementarteilchen treffen aufeinander.
- Ein Elementarteilchen zerfällt.
- Ein Atom sendet ein Lichtquant aus.
- Zwei Objekte berühren sich in einem Punkt.

Dass der Ablauf der Welt aus an getrennten Orten stattfindenden Ereignissen besteht, ist von überragender Bedeutung für ein Verständnis der Relativitätstheorie. Das von Kindheit an erworbene Weltbild wohl eines jeden Menschen sieht dagegen anders aus. Nämlich so, dass das gesamte Universum sich gleichmäßig durch die Zeit bewegt, sodass ein Allmächtiger es theoretisch mit einem Fingerschnippen in einem bestimmten Zeitpunkt anhalten könnte. Die von uns optisch wahrgenommene Welt hat ein solches Verständnis tief in uns eingepflanzt. Auch die hier wiedergegebenen Abbildungen suggerieren dies, indem sie scheinbar die Welt in einem solchen Augenblick darstellen.

In Wirklichkeit gibt es einen solchen universalen Moment jedoch nicht. Bei einem Beobachter (oder einer Kamera) treffen vielmehr aus allen Teilen des Raums Lichtstrahlen ein und erzeugen dort das Bild der Umwelt, wobei jedoch die von weiter her kommenden Strahlen von älteren Prozessen stammen als die näher entspringenden Strahlen. Die für die Astronomie allgemein bekannte Tatsache, dass wir das Sternenlicht von zum Teil Millionen Jahren zurückliegenden Vorgängen sehen[2], gilt in ähnlicher Weise auch für die Vorgänge unserer Umgebung: Wir sehen die Welt nicht zu einem einzigen universalen Zeitpunkt, sondern zu vielen verschiedenen Zeitpunkten, die umso weiter zurückliegen, je entfernter das betrachtete Objekt von uns ist.

Ein realistischeres Modell von der Welt ist daher die Annahme, dass an jedem Raumpunkt für sich und getrennt vom Rest etwas passiert und eine Zeit abläuft, die

---

[2] Umgekehrt sehen weit entfernte Beobachter die Erde zu früheren Zeitpunkten. Würden sie einen Spiegel aufstellen, so könnten wir Licht aus unserer Vergangenheit (beispielsweise der Zeit der Dinosaurier) empfangen.

https://doi.org/10.1515/9783110737455-003

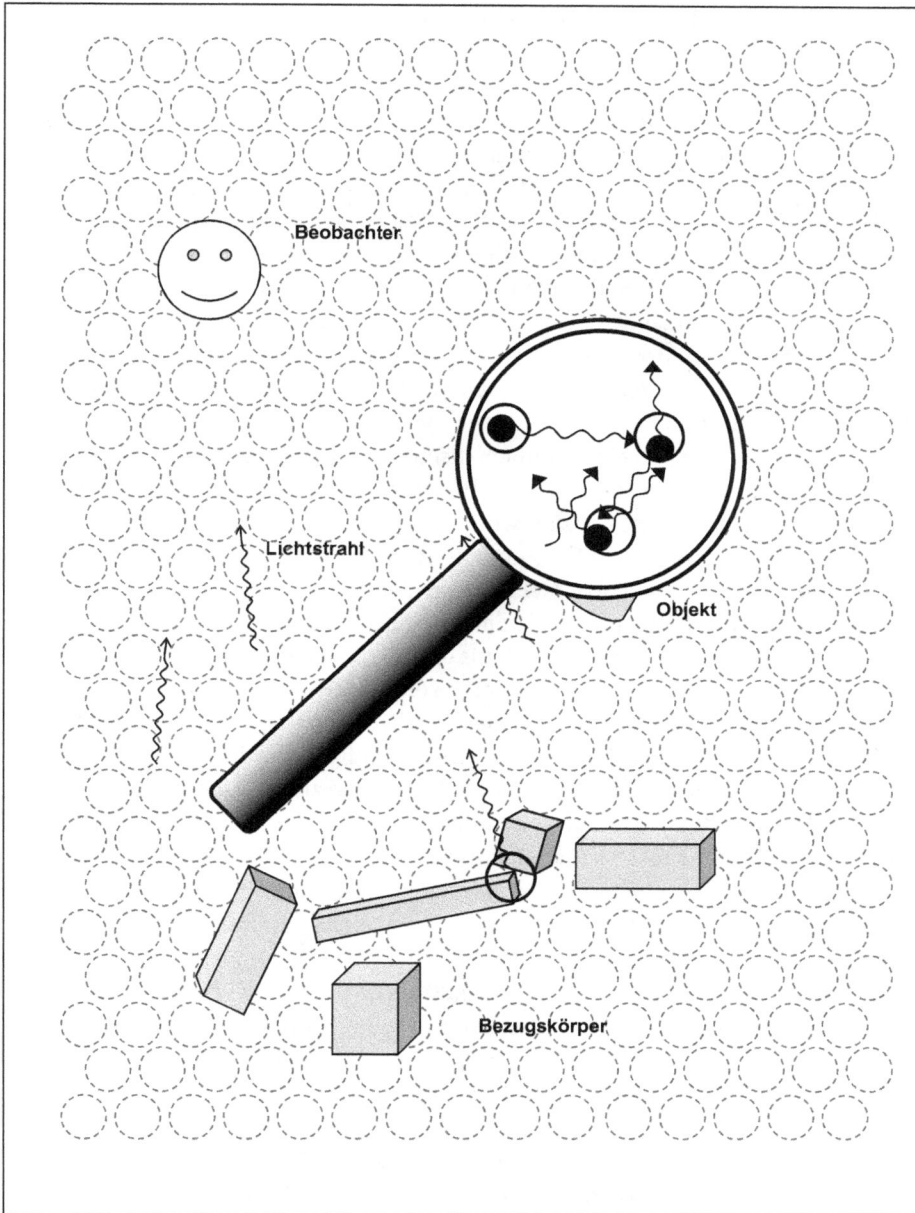

Abb. 3.1: Raum und Zeit bestehen bei genauer Betrachtung aus Ereignissen.

zunächst nichts von den Zeiten an den anderen Raumpunkten weiß. In diesem Bild ist das Ereignis der elementare Baustein, nämlich ein Zeitpunkt an einem Raumpunkt (Abb. 3.1).

Die vor sich hin lebenden Raumpunkte sind jedoch nicht völlig isoliert voneinander und autonom, sondern wechselwirken intensiv miteinander. Diese Wechselwirkung führt letztlich dazu, dass wir auch über räumliche Entfernungen hinweg ein Früher oder Später, eine Ursache und eine Wirkung unterscheiden können. Ob zwei an verschiedenen Raumpunkten stattfindende Ereignisse „gleichzeitig" sind oder nicht, wird sich jedoch als weitgehend **willkürliche Definition** herausstellen.

Die physikalische Beschreibung unserer Welt erfolgt also im Wesentlichen durch Aussagen über das Stattfinden von Ereignissen, wobei erfreulicherweise verschiedene Beobachter über dieses Stattfinden zu übereinstimmenden Ergebnissen kommen. Wenn beispielsweise irgendwo das Ereignis „Zerfall eines Elementarteilchens" stattfindet, stellen dies alle Beobachter gleichermaßen fest.

Nachfolgend soll an einem konstruierten Beispiel die Unterteilung unserer beobachtbaren Welt in Ereignisse und deren vom Beobachter vorgenommene willkürliche Zusammensetzung in einer mathematischen Beschreibung (Modell) – einem sogenannten Koordinatensystem – illustriert werden, womit auch gleichzeitig das Programm der späteren Kapitel skizziert wird.

Betrachtet werde gemäß Abb. 3.2 eine sich gerade erstreckende (eindimensionale) Straße, entlang derer ein Beobachter an verschiedenen Stellen Kameras positioniert hat. Von diesen bekommt er einen Strom von lokalen Fotos aus der Straße geliefert, wobei jedes Foto (mindestens) ein Ereignis erfasst (d. h. das Geschehen an einem bestimmten Raumpunkt zu einem bestimmten Zeitpunkt).

Die Fotos aller Kameras mögen zunächst ungeordnet auf einem großen Haufen landen und der Beobachter steht vor der schweren Aufgabe, sich aus diesem Wirrwarr ein Gesamtbild des Geschehens in der Welt da draußen zu machen – nicht unähnlich einem Kriminalbeamten, der aus vielen Zeugenaussagen und Beweisstücken den Ablauf eines Verbrechens rekonstruieren muss.

Nach einigem Frust beim Ordnen der Fotos ergreift der Beobachter schließlich zwei kluge Maßnahmen, die ihm die Konstruktion eines schlüssigen Gesamtbilds erheblich erleichtern:

1. Er misst die Straße mit einem Längenmaßstab ab und malt die erhaltenen Werte 1, 2, 3 usw. so auf, dass er sie auf den Fotos wiedererkennt.
2. Er stellt ferner im Erfassungsbereich einer jeden Kamera eine Uhr (aus einem Satz baugleicher Uhren) auf und lässt diese loslaufen.[3]

Als Ergebnis wird der Beobachter fortan Fotos erhalten, die den Ort und lokalen Zeitpunkt ihrer Entstehung erkennen lassen, z. B. den Wert 3 für den Ort und $t_3 = 7$ für die zugehörige lokale Zeit, den Wert 14 und $t_{14} = 8$ etc.

---

3 Er könnte natürlich auch elektronische Kameras so programmieren, dass sie ihren Standort gemäß der errichteten Längenskala sowie das lokale Zeitmaß als Daten mitsenden.

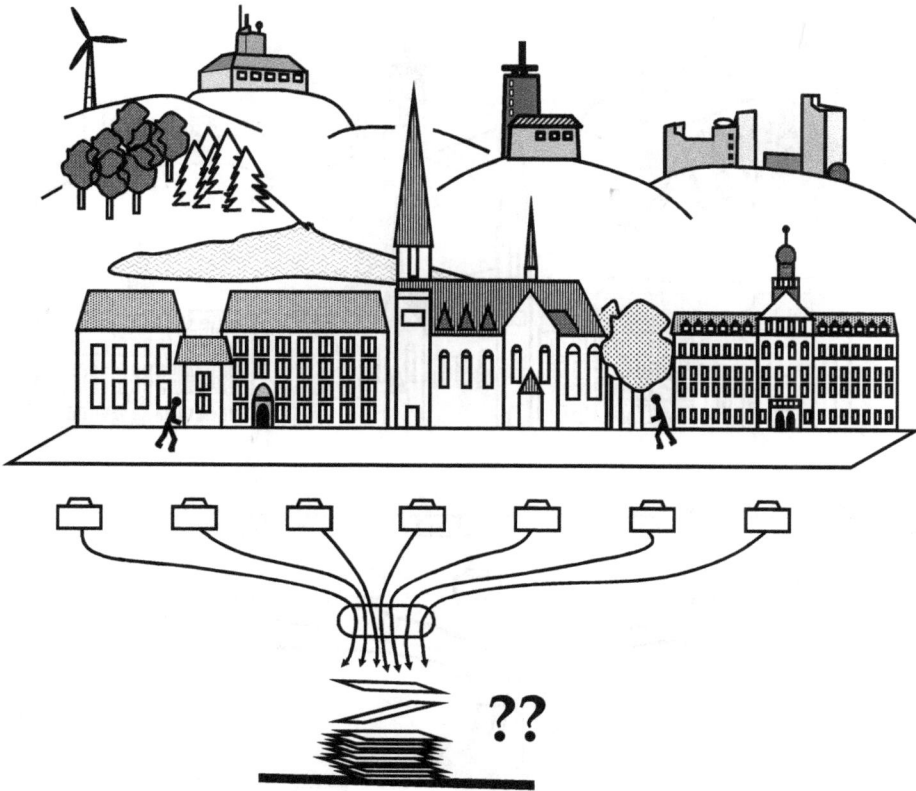

Abb. 3.2: Kameras liefern Fotos von lokalen Ereignissen – d. h. einem Geschehen an einem Raumpunkt zu einem Zeitpunkt –, die der Beobachter gern zu einer plausiblen mathematischen Beschreibung der schönen Welt da draußen zusammensetzen möchte.

Mit diesen Informationen kann der Beobachter folgendermaßen die Fotos in ein zweidimensionales mathematisches Modell einbauen (Abb. 3.3):

Das Modell enthält eine Ortsachse, die in Vorgriff auf später x-Achse genannt sei und auf der sich die Längenwerte x = 1, x = 2 usw. wiederfinden. Alle an der Straßenposition 3 gemachten Fotos werden dann bei x = 3 auf der Modellachse angeordnet usw.

Des Weiteren werden die zu einem Ort gehörigen Fotos senkrecht zur x-Achse entsprechend ihrem Aufnahmezeitpunkt übereinander angeordnet. Zu jedem x-Wert der x-Achse gibt es somit eine senkrechte t_x-Achse für die an diesem Ort gemessene lokale Zeit t_x.

Nach diesen Schritten ist schon sehr viel Ordnung erzielt und ein zweidimensionales mathematisches Modell von Raum und Zeit erhalten worden. Fände auf der Straße keine Bewegung nach rechts oder links statt (sondern nur lokale Veränderung, z. B.

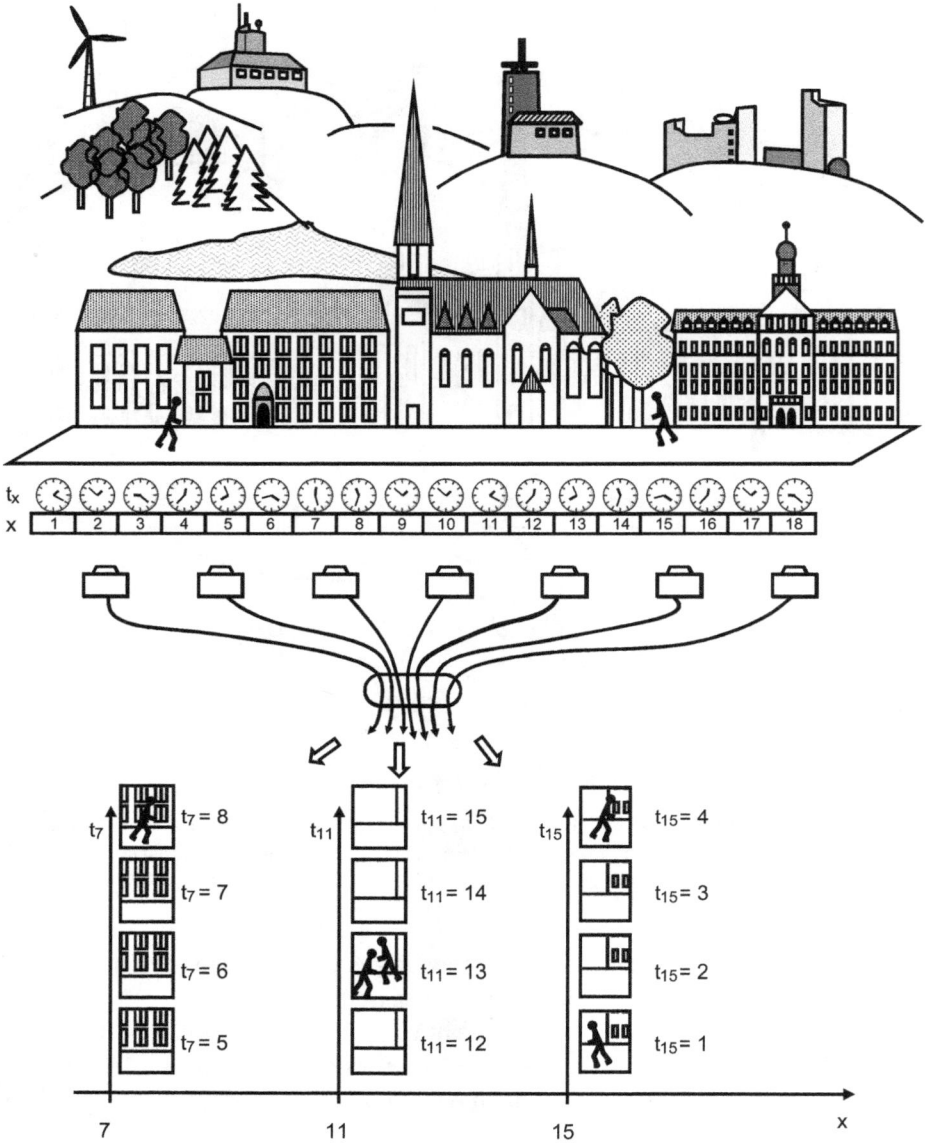

Abb. 3.3: Wenn für jedes Ereignisfoto der zugehörige Raumpunkt als x-Wert einer Längenskala und dazu der Zeitwert t_x einer lokalen Uhr erfasst werden, können die Fotos konsistent in einem zwei-dimensionalen mathematischen Koordinatensystem angeordnet werden. Allerdings fehlt in diesem Bild noch die Synchronisation der Uhren untereinander, sodass anstelle von vielen lokalen Zeiten t_x eine globale Zeit t verwendet werden könnte. Durch die Synchronisation werden die senkrechten Bildreihen miteinander adjustiert. Eine sinnvolle Methode der Synchronisation besteht in der An-nahme, dass zwei gleichschnelle Fußgänger gleichzeitig losgelaufen sein müssen, wenn sie sich genau in der Mitte zwischen ihren Startpunkten treffen. Da x = 11 die Mitte zwischen x = 7 und x = 15 ist und in obigem Beispiel die beiden Fußgängen sich dort treffen, wären sie nach dieser De-finition gleichzeitig losgelaufen, d. h. $t_7 = 8$ und $t_{15} = 1$ wären demselben neuen t-Wert zuzuordnen (z. B. dem Wert t = 0 vermöge der Festlegung $t := t_7 - 8 = t_{15} - 1$).

ein Fenster wird auf- oder zugemacht), so könnte sich der Beobachter mit dem Erreichten bereits zufriedengeben.

Im wahren Leben finden indes sehr wohl Bewegungen entlang der Straße statt, und so erscheint beispielsweise ein und derselbe Fußgänger auf Fotos der Kameras bei x = 4, x = 5, x = 6 etc. Was im bisherigen mathematischen Modell diesbezüglich noch stört ist, dass den Fußgängerfotos voneinander völlig unabhängige lokale Zeiten zugeordnet sind, z. B. $t_4 = 13$, $t_5 = 1$, $t_6 = 15$ etc. Um einen gleichförmig von links nach rechts laufenden Fußgänger im mathematischen Modell plausibel wiederzugeben, wäre es schöner, wenn es eine globale Zeit t gäbe, gemäß der der Fußgänger z. B. bei

- t = 13 die Marke x = 4 passiert
- t = 15 die Marke x = 5 passiert
- t = 17 die Marke x = 6 passiert usw.

Mit anderen Worten: Es wird eine **Synchronisation** der räumlich verteilten Uhren untereinander benötigt. Durch eine solche Synchronisation werden die lokalen vertikalen t_x-Achsen in ihrer Höhe wechselseitig adjustiert, sodass sich schlussendlich eine konsistente, physikalisch aussagekräftige mathematische Beschreibung der Außenwelt, wie sie sich in den erhaltenen Kamerafotos widerspiegelt, ergibt.

An dieser Stelle sei die Vorausschau auf die spätere Betrachtung beendet und zum schrittweisen Aufbau der Theorie zurückgekehrt.

4 Erfassung des Raums mit Bezugskörpern

Definition des Raums

Zurück zum Raum. Eine grundlegende Manipulation, die der Beobachter mit seinen Bezugskörpern vornehmen kann, ist, diese im Raum an verschiedenen Stellen zu positionieren. Albert Einstein drückt dies wie folgt aus:[4]

> Unter allen Veränderungen, welche wir an festen Körpern wahrnehmen, sind diejenigen durch Einfachheit ausgezeichnet, welche durch willkürliche Bewegungen unseres Körpers rückgängig gemacht werden können; Poincaré nennt sie „Änderungen der Lage". Durch bloße Lagenänderungen kann man zwei Körper „aneinander anlegen". [...] Für den Raumbegriff scheint uns folgendes wesentlich. Man kann durch Anlegen von Körpern B, C ... an einen Körper A neu Körper bilden, wir wollen sagen den Körper A fortsetzen. Man kann einen Körper A so fortsetzen, dass er mit jedem anderen Körper X zur Berührung kommt. Wir können den Inbegriff aller Fortsetzungen des Körpers A als den „Raum des Körpers A" bezeichnen. Dann gilt, dass alle Körper sich „im Raum des (beliebig gewählten) Körpers A" befinden. Man kann in diesem Sinne nicht von dem „Raum" schlechthin, sondern nur von dem „zu einem Körper A gehörigen Raum" reden.

Einstein geht hier also sogar so streng logisch vor, dass er den (Bezugs-)Raum durch Anlegen von Körpern an einen Bezugskörper erst konstruiert, statt einen vorhandenen (leeren) Raum anzunehmen und auszufüllen (Abb. 4.1). Verschiedene Bezugskörper könnten dabei theoretisch zu verschiedenen, unverbundenen Bezugsräumen führen.

Konstruktion einer Strecke mit Maßstäben

Die Verlagerung von Bezugskörpern soll nun genutzt werden, um eine quantitative Vermessung des Raums zu ermöglichen. Dies gelingt folgendermaßen:

Man definiert einen an sich beliebigen Bezugskörper – genauer gesagt, die Strecke zwischen zwei Marken auf dem Bezugskörper – als **Maßstab**. Was versteht man dabei unter einer Strecke?

Erster Antwortversuch: Eine Strecke zwischen zwei gegebenen Raumpunkten ist der Teil der Geraden, der die beiden Raumpunkte verbindet. Dies führt jedoch sofort zur Frage, was eine Gerade ist und hilft daher nicht weiter.

Also zweiter Antwortversuch durch Angabe einer Konstruktionsvorschrift (Abb. 4.2):
- Man stelle sich eine ausreichende Anzahl an baugleichen Maßstäben her.
- Man lege **n** Maßstäbe mit ihren Marken in einer Kette aneinander, sodass diese Kette die gegebenen Raumpunkte verbindet.

---

4 Albert Einstein, *Grundzüge der Relativitätstheorie*, Vieweg

https://doi.org/10.1515/9783110737455-004

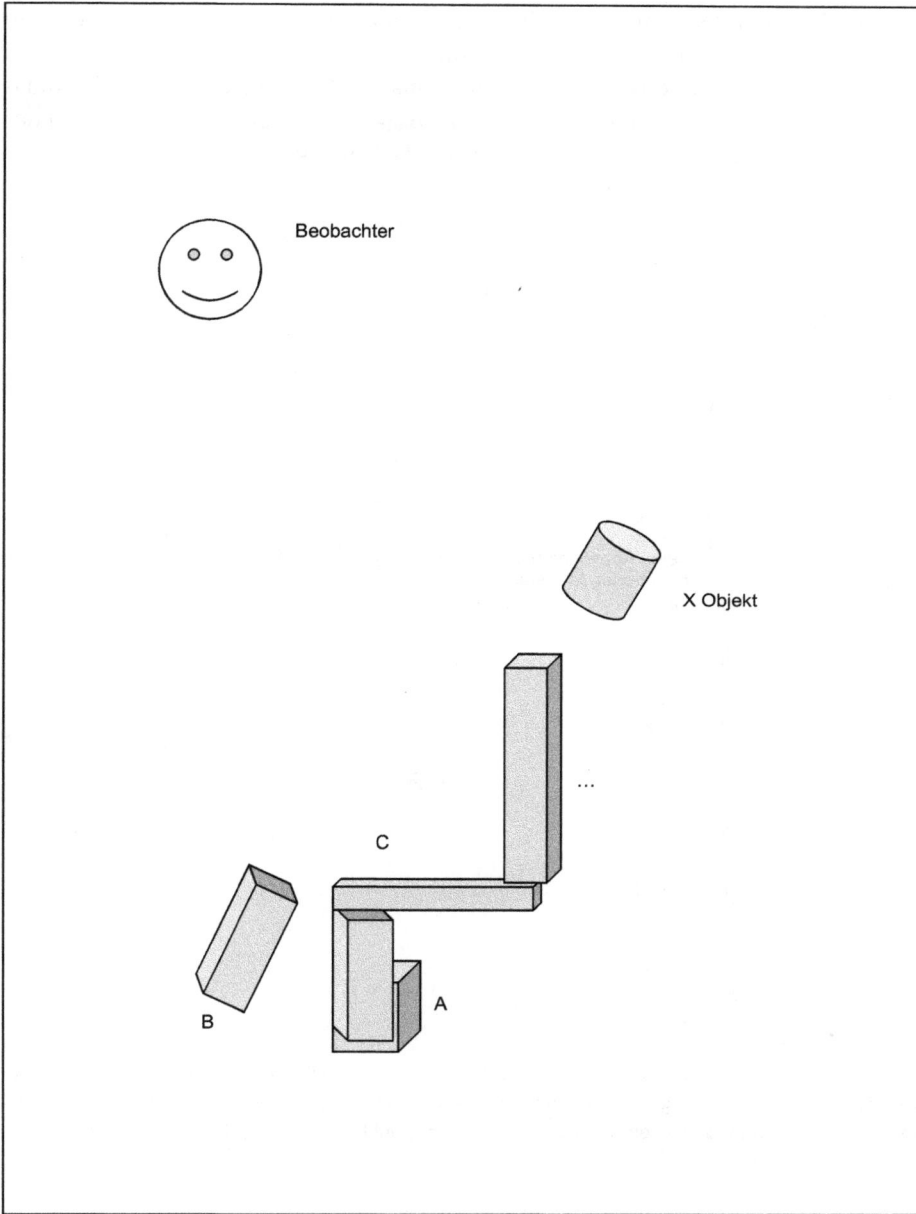

Beobachter

X Objekt

...

C

B

A

Abb. 4.1: Erfassung des Bezugsraums durch Anlegen von Körpern an einen Bezugskörper.

- Die Kette mit der kleinstmöglichen Anzahl n_{min} an Maßstäben stellt eine erste Approximation der gesuchten Strecke dar.
- Je kleiner man die verwendeten Maßstäbe macht, desto besser ist die Approximation. Immer kleinere Maßstäbe führen zu $n_{min} \rightarrow \infty$, woraufhin die Marken der zugehörigen Kette gegen die gesuchte Strecke konvergieren.

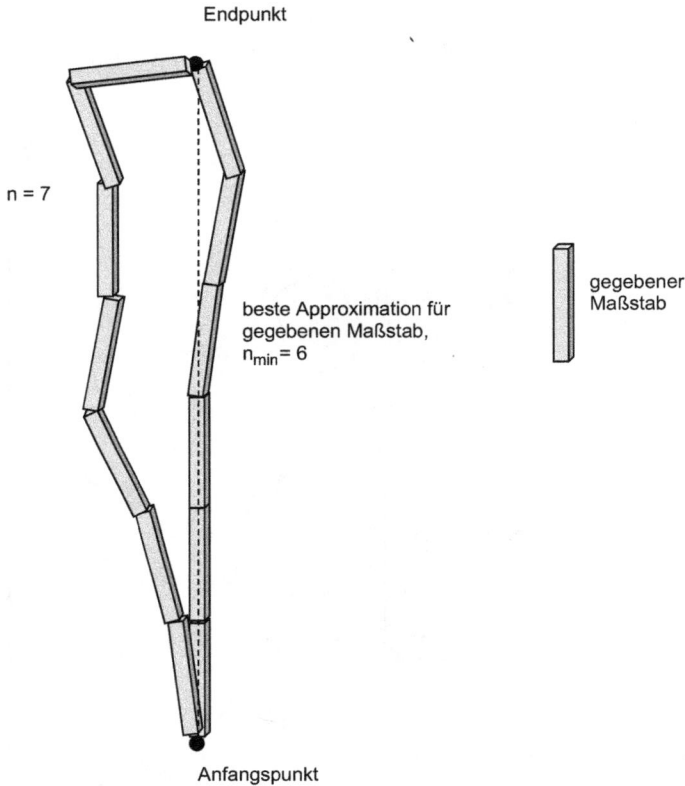

Endpunkt

n = 7

beste Approximation für gegebenen Maßstab, $n_{min} = 6$

gegebener Maßstab

Anfangspunkt

Abb. 4.2: Zur Definition einer Strecke zwischen Anfangspunkt und Endpunkt mithilfe von Ketten aus Maßstäben. Bei Verwendung immer kleinerer Maßstäbe konvergiert die jeweils beste Approximation als gerade Verbindung zwischen Anfangspunkt und Endpunkt gegen die zu definierende Strecke (gestrichelte Linie).

Anmerkungen hierzu:

- Bei der Konstruktionsvorschrift sowie überhaupt bei der Definition eines Abstandsmaßes legt man die Annahme zugrunde, dass der Maßstab bei allen Lageveränderungen im Raum gleich bleibt, also an verschiedenen Stellen des Raums und unter verschiedenen Orientierungen immer dieselbe Länge repräsentiert. Im begrenzten Maß kann man dies nachprüfen, nämlich indem man die Länge verschiedener Maßstäbe (z. B. aus verschiedenen Materialien) an verschiedenen Positionen vergleicht. Dies sollte überall das gleiche Ergebnis liefern (z. B. gleiche Länge der Maßstäbe). Haben Raumbereiche unterschiedliche Temperatur, so würden die Maßstäbe jedoch verschieden darauf reagieren (je nach Ausdehnungskoeffizient), was zu Abweichungen führen würde. Hier wäre schnell die Temperatur als Ursache ausgemacht und man könnte für eine überall gleich temperierte Umgebung der Maßstäbe sorgen, um solche Artefakte auszuschalten. Der leere Raum als solcher sollte jedenfalls keinen Einfluss auf die Maßstäbe haben (eine Annahme, die im Rahmen der Allgemeinen Relativitätstheorie im Nicht-Euklidischen Raum so nicht mehr gilt).
- Die Maßstäbe sollten starr sein, d. h. ohne äußeren Einfluss ihre Eigenform nicht verändern.
- Die Messungen mit den Maßstäben finden zeitlos statt, d. h. während der Messungen erfolgen keine beobachtbaren Veränderungen an der Konfiguration der Objekte und der Maßstäbe, diese sind in Ruhe. Vor und nach der Messung werden die Maßstäbe dagegen typischerweise bewegt, beispielsweise um sie in die gewünschte Konfiguration zu bringen.
- Eine Messung mit einem Maßstab beruht wie in Abb. 4.3 dargestellt auf den Beobachtungen der Ereignisse, dass eine Marke des Maßstabs im Beobachtungszeitpunkt mit einem bestimmten Raumpunkt zusammenfällt.

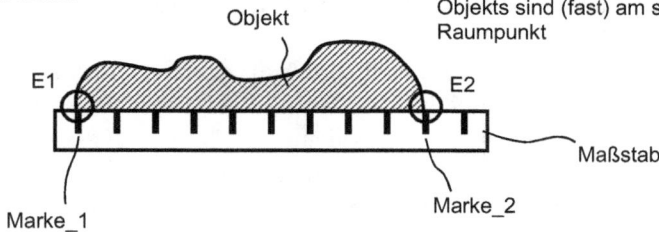

Ereignis E1:
Marke_1 und Anfang des Objekts sind (fast) am selben Raumpunkt

Objekt

Ereignis E2:
Marke_2 und Ende des Objekts sind (fast) am selben Raumpunkt

E1

E2

Maßstab

Marke_1

Marke_2

Abb. 4.3: Die Längenmessung mit einem Maßstab beruht auf der Beobachtung von zwei Ereignissen E1, E2.

Mit der Konstruktionsvorschrift einer Strecke hat man gleichzeitig auch die Definition anderer geometrischer Begriffe gewonnen:

Von der Strecke zur Geraden

Eine Gerade durch zwei Punkte im Raum lässt sich beispielsweise definieren als die Vereinigung aller Strecken, die die beiden Punkte enthalten. Da die Länge der Strecken beliebig groß werden kann, erstreckt sich die Gerade schließlich ins Unendliche.

Von der Geraden zur Ebene

Gegeben seien zwei verschiedene Geraden g_1 und g_2, die einen (Schnitt-)Punkt gemeinsam haben (Abb. 4.4). Diese Ausgangsgeraden definieren dann eine Ebene (als die Menge aller Punkte, die auf mindestens einer Geraden g liegen, die zwei verschiedene Punkte der Ausgangsgeraden g_1 und g_2 enthält).

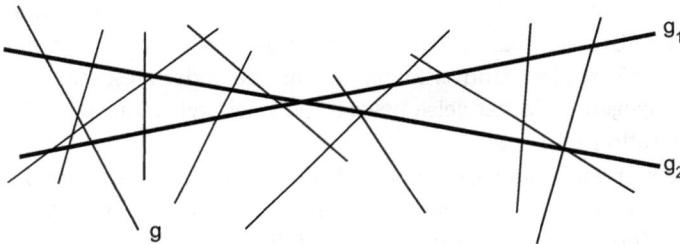

Abb. 4.4: Zur Konstruktion der Ebene aus zwei sich schneidenden Geraden g_1 und g_2 (Anmerkung: alle Striche sollen in der Papierebene liegen).

Von der Strecke zur Länge (Einheitsmaßstab)

Man definiert einen Maßstab willkürlich als den **Einheitsmaßstab** und nennt seine Länge die **Längeneinheit** (z. B. ein Meter). Beide Begriffe werden nachfolgend im Wesentlichen synonym verwendet und mit dem Symbol LE gekennzeichnet. Kann man nun zwei gegebene Raumpunkte A und B durch eine Kette von n Einheitsmaßstäben verbinden, durch (n − 1) Einheitsmaßstäbe dagegen nicht mehr, so liegt die Länge der Strecke zwischen A und B (oder der Abstand von A zu B) definitionsgemäß zwischen (n − 1) und n Längeneinheiten (Abb. 4.5). Teilt man den Einheitsmaßstab in identische Teile auf, so erhält man feinere Maßstäbe (z. B. von 1 cm = 1/100 m Länge) für genauere Messungen.

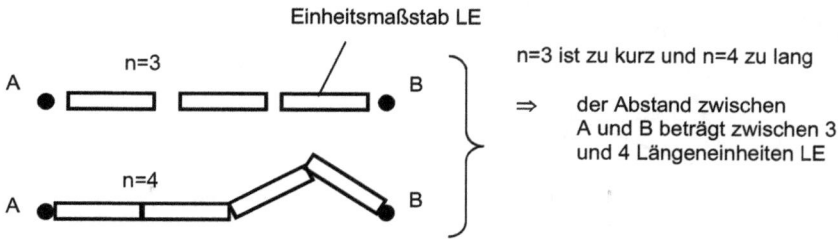

Abb. 4.5: Zum Abstandsmaß zwischen zwei Punkten.

Von der Streckenlänge zur Kurvenlänge

Die Länge einer gekrümmten Kurve im Raum kann man mit beliebiger Genauigkeit definieren, indem man die Kurve durch hinreichend kurze Strecken bekannter Länge annähert und deren Streckenlängen aufsummiert (Abb. 4.6).

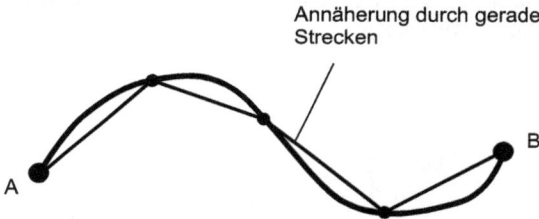

Abb. 4.6: Zur Länge einer gekrümmten Kurve.

Von der Streckenlänge zum Kreis

Der Kreis ist die Menge aller Punkte einer Ebene, die von einem gegebenen (Mittel-) Punkt denselben Abstand haben.

Vom Kreis zum Winkel

Wenn zwei Radien der Länge r aus einem Kreis ein Kurvenstück der Länge s ausschneiden, liegt zwischen ihnen definitionsgemäß der Winkel $\alpha = s/r$, gemessen in der mathematischen Winkeleinheit Radiant (Abb. 4.7). Zum bekannten Gradmaß kommt man mit der Umrechnung 1 Radiant = $360/2\pi$ Grad. Beim Winkel von 90 Grad spricht man davon, dass die Schenkel des Winkels senkrecht aufeinander stehen.

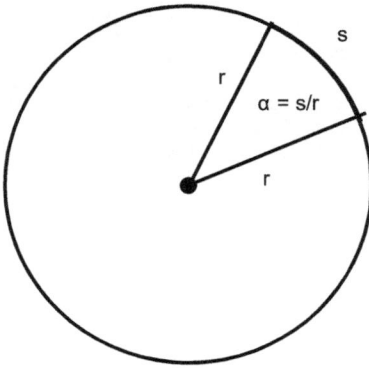

Abb. 4.7: Zur Winkeldefinition.

Rechtwinklige kartesische Koordinatensysteme des Raums

Mit den definierten Begriffen kann man sich nun wie folgt ein sogenanntes **kartesisches Koordinatensystem** konstruieren (Abb. 4.8):

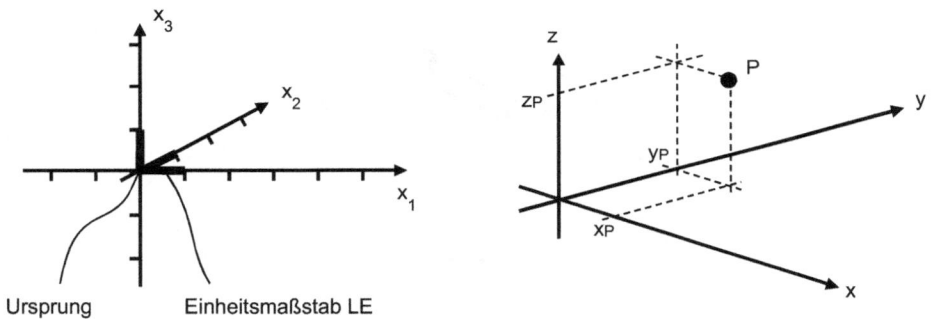

Abb. 4.8: Kartesisches Koordinatensystem und Definition der Koordinaten eines Punkts P.

- Drei wechselseitig senkrecht aufeinanderstehende Geraden mit einem gemeinsamen Schnittpunkt, dem (Koordinaten-)Ursprung, bilden die (Koordinaten-)Achsen, die als x_1-Achse, x_2-Achse und x_3-Achse bezeichnet werden (oder auch x-, y- und z-Achse; im Folgenden wird mal von der einen, mal von der anderen Konvention Gebrauch gemacht).
- Entlang der Achsen trägt man, jeweils beginnend im Ursprung, Längeneinheiten LE ab, die in eine Richtung positiv und in die andere Richtung negativ gezählt werden, um so jedem Punkt der Achse einen Koordinatenwert (x_1-, x_2-, oder x_3-Wert) zuzuordnen.

- Jedem Raumpunkt P kann man dann eine x_1-Koordinate $x_1(P)$ zuordnen über den x_1 Koordinatenwert auf der x_1-Achse, bei dem eine den Punkt P enthaltende Ebene, die zur von der x_2-Achse und x_3-Achse aufgespannten Ebene parallel[5] ist, die x_1-Achse schneidet (hört sich komplizierter an, als es ist). Analog findet man die x_2- und x_3-Koordinaten des Raumpunkts.

Die Einsteinsche Begründung, warum der Raum Euklidisch ist, lautet in diesem Zusammenhang wie folgt:[6]

Die vorrelativistische Physik setzt voraus, dass die Lagerungsgesetze idealer fester Körper der euklidischen Geometrie gemäß seien. Was dies bedeutet, kann z. B. wie folgt ausgedrückt werden. Zwei an einem festen Körper markierte Punkte bilden eine Strecke. Eine solche kann in mannigfacher Weise gegenüber dem Bezugsraume ruhend gelagert werden. Wenn nun die Punkte dieses Raumes so durch Koordinaten x_1, x_2, x_3 bezeichnet werden können, dass die Koordinatendifferenzen Δx_1, Δx_2, Δx_3 der Streckenpunkte bei jeder Lagerung der Strecke die nämliche Quadratsumme

$$s^2 = (\Delta x_1)^2 + (\Delta x_2)^2 + (\Delta x_3)^2$$

liefern, so nennt man den Bezugsraum EUKLIDisch und die Koordinaten kartesische. Es genügt hierfür sogar, die Annahme in der Grenze für unendlich kleine Strecken zu machen.

In Euklidischen Raum kann man also den Abstand zwischen zwei Punkten A, B nach dem Satz des Pythagoras über die Quadratsumme ihrer Koordinatendifferenzen berechnen.

---

5 Ebenen seien als parallel bezeichnet, wenn sie sich nicht schneiden, also keinen Punkt gemeinsam haben.

6 Albert Einstein, *Grundzüge der Relativitätstheorie*, Vieweg

5 Erfassung der Zeit mit der Lichtuhr

Das bisher Erreichte: Mithilfe von (Einheits-)Maßstäben und einem Bezugskörper (an dem der Koordinatenursprung verhaftet ist), konnte jedem Raumpunkt ein Satz von drei Koordinaten x_1, x_2, x_3 zugeordnet werden, der dessen Lage eindeutig beschreibt. Ferner kann der räumliche Abstand zwischen zwei Raumpunkten im Vergleich zum Einheitsmaßstab LE angegeben werden.

Das nächste Ziel ist nun die quantitative Beschreibung der Zeit.

Subjektive Zeit

Über das Wesen der Zeit ist viel philosophiert worden. Für die Physik sei noch einmal Einstein zitiert:[7]

> Die Erlebnisse eines Menschen erscheinen uns als in eine Erlebnisreihe eingeordnet, in welcher die einzelnen unserer Erinnerung zugänglichen Einzelerlebnisse nach dem nicht weiter zu analysierenden Kriterium des „Früher" und „Später" geordnet erscheinen. Es besteht also für das Individuum eine Ich-Zeit oder subjektive Zeit. Dies ist an sich nichts Messbares. Ich kann zwar den Erlebnissen Zahlen zuordnen, derart, dass dem späteren Erlebnis eine größere Zahl zugeordnet wird als dem früheren, aber die Art dieser Zuordnung bleibt zunächst in hohem Maße willkürlich. Ich kann jedoch die Art dieser Zuordnung weiter fixieren durch eine Uhr, indem ich den durch sie vermittelten Erlebnisablauf mit dem Ablauf der übrigen Erlebnisse vergleiche. Unter einer Uhr versteht man ein Ding, welches abzählbare Erlebnisse liefert und noch andere Eigenschaften besitzt, von denen im Folgenden die Rede sein wird.

Wichtig für die Ich-Zeit oder subjektive Zeit ist das Gedächtnis (Abb. 5.1). Alles was darin bereits enthalten ist, ist unser subjektives Früher, alles was wir gerade dort abspeichern, ist unsere Gegenwart. Erlebnisse sind dabei die im Bewusstsein bzw. Gehirn des Menschen stattfindenden Ereignisse.

Objektive Zeit: Uhren

Die objektive Zeit verrät sich durch beobachtbare Veränderung und Bewegung, ja vielleicht ist Zeit nichts anderes als Veränderung und Bewegung. Jedenfalls setzt man den Vergleich mit einem veränderlichen Referenzvorgang bzw. einer Referenzbewegung zur Messung des Zeitablaufs ein. Zweckmäßigerweise ist der Referenzvorgang periodisch bzw. zyklisch, sodass man durch Zählen der abgelaufenen Perioden ein direktes Zahlenmaß für die Zeit erhält. Die Periodizität sollte in allen relevanten Rand-

---

7 Albert Einstein, *Grundzüge der Relativitätstheorie*, Vieweg

https://doi.org/10.1515/9783110737455-005

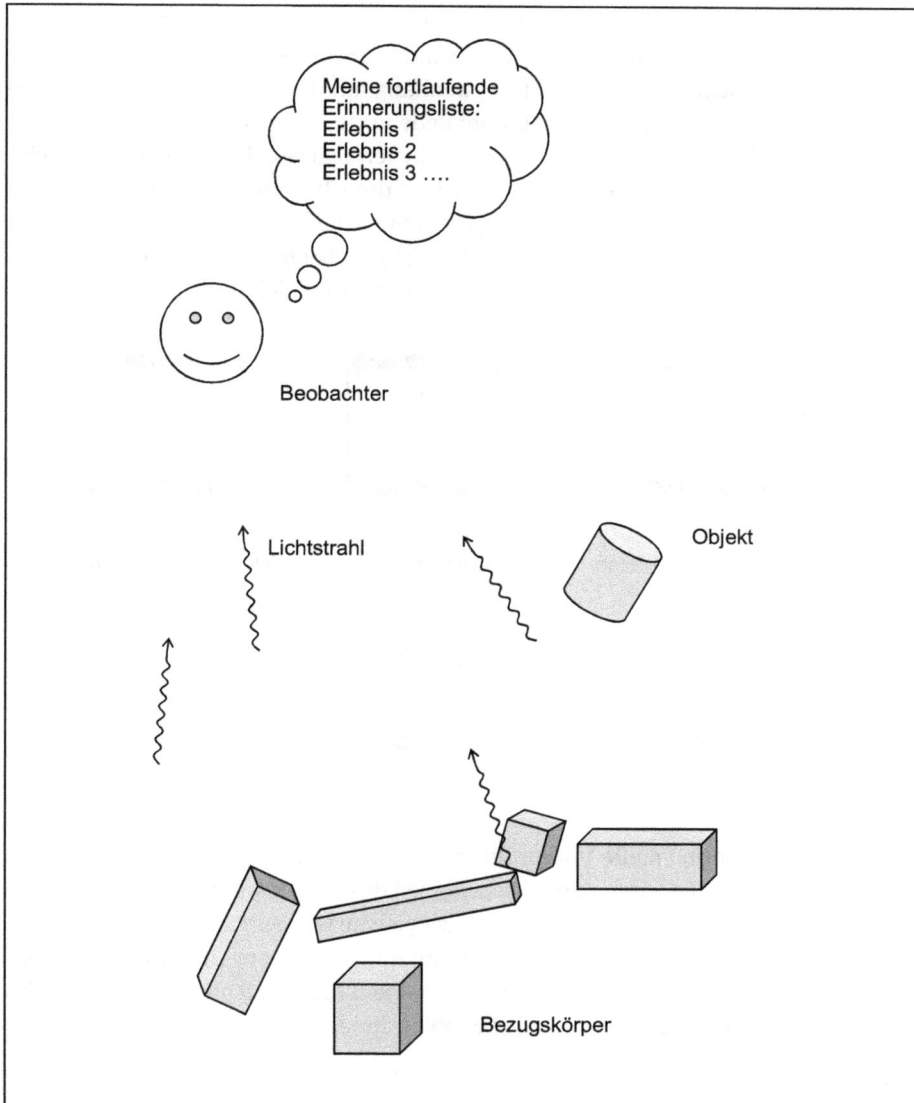

Abb. 5.1: Für die subjektive Zeit des Beobachters spielt die Erinnerung (Gedächtnis) eine zentrale Rolle.

bedingungen bestehen. Nur dann liegt nach Ablauf einer Periode im Wesentlichen der gleiche Zustand vor wie zu deren Beginn, sodass man plausiblerweise erwarten kann, dass die folgende Periode „gleich schnell" abläuft. Für periodische Vorgänge wie beispielsweise den Herzschlag ist eine solche Bedingung im Allgemeinen nicht mit ausreichender Genauigkeit erfüllt, für ein schwingendes Pendel schon eher.

Ein Messgerät, in dem ein Referenzvorgang abläuft und das darauf basierend zu möglichst jedem Zeitpunkt eine stetig wachsende Zahl auswirft, nennt man **Uhr**.

Für Gedankenexperimente im Zusammenhang mit der Relativitätstheorie ist dabei eine besondere Konstruktion von großer Bedeutung, die sogenannte **Lichtuhr**. Bei dieser wird ein Lichtstrahl zwischen zwei parallelen Spiegeln hin und her geschickt, wobei jedes einzelne Hin-und-zurück ein „Tick" der Uhr repräsentiert (Abb. 5.2). Es sollte übrigens deshalb ein Hin-<u>und-zurück</u> sein, damit die zeitlich beabstandeten Vorgänge am selben Ort (z. B. dem unteren Spiegel) beobachtet werden und man nicht zwei Ereignisse an verschiedenen Orten miteinander vergleicht.

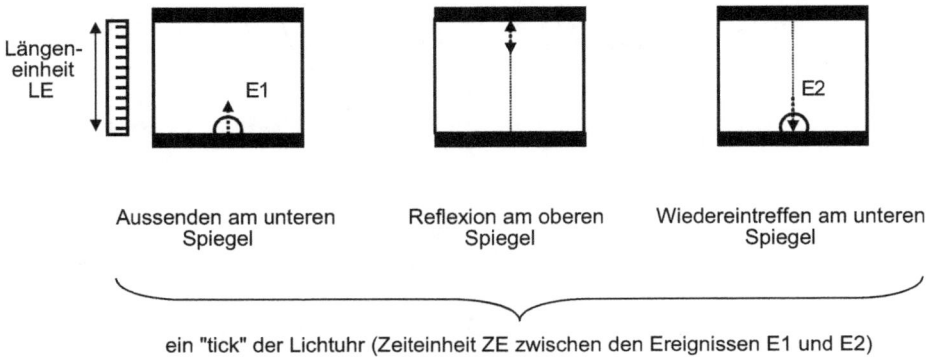

Aussenden am unteren Spiegel · Reflexion am oberen Spiegel · Wiedereintreffen am unteren Spiegel

ein "tick" der Lichtuhr (Zeiteinheit ZE zwischen den Ereignissen E1 und E2)

Abb. 5.2: Die Lichtuhr mit Spiegeln im Abstand einer Längeneinheit LE definiert eine Zeiteinheit ZE durch das Hin-und-zurück eines Lichtsignals.

Da man durch experimentelle Überprüfung und/oder aufgrund der Homogenität des Raums davon ausgehen kann, dass jede beliebig konstruierte Uhr an jedem Punkt des Raums im Vergleich zur dortigen Lichtuhr das gleiche Ganggeschwindigkeitsverhältnis hat, lässt sich die Lichtuhr ohne Beschränkung der Allgemeinheit in Gedankenexperimenten zur Untersuchung der Zeit verwenden. An der Lichtuhr gewonnene Erkenntnisse sind dann nämlich auf jede beliebige andere Uhr übertragbar.

Lokales Verhalten der Lichtuhr

Um zu einer definierten Zeiteinheit zu kommen, kann man die beiden Spiegel der Lichtuhr beispielsweise genau im Abstand eines Einheitsmaßstabs LE aufstellen. Einheitsmaßstab und Lichtausbreitung zusammen determinieren dann die Größe einer Zeiteinheit (sie sei mit ZE bezeichnet) am betrachteten Ort als die Dauer eines „Ticks" dieser Lichtuhr (Abb. 5.2).

Hängt diese **Zeiteinheit ZE** von der Richtung ab, in der man die Spiegel ausrichtet?

Nein, denn: Wenn die oben erläuterte Isotropie des Raums gilt, bedeutet es keinen Unterschied, in welche Richtung der Lichtstrahl der Lichtuhr geschickt wird. Dies lässt sich experimentell bestätigen (in der Historie der Speziellen Relativitätstheorie ist dies das berühmte Michelson-Morley-Experiment): Wenn man von einem Raumpunkt aus gleichzeitig zwei Lichtstrahlen in verschiedene Richtungen schickt und sie nach Zurücklegen derselben Streckenlänge L zurückreflektiert, treffen sie gleichzeitig am Ausgangspunkt wieder ein (Abb. 5.3). Man beachte, dass hierbei die Gleichzeitigkeit von zwei Ereignissen (Aussenden der beiden Strahlen bzw. Eintreffen der reflektierten Strahlen) am selben Raumpunkt betrachtet wird, was einen beobachtbaren, wohldefinierten Prozess darstellt.

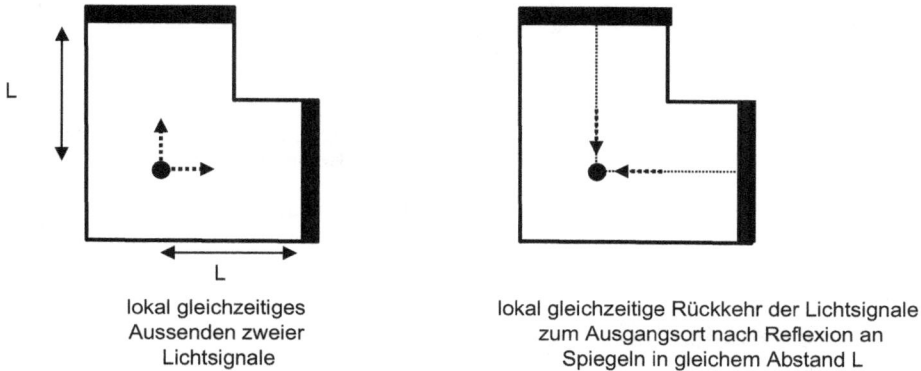

lokal gleichzeitiges
Aussenden zweier
Lichtsignale

lokal gleichzeitige Rückkehr der Lichtsignale
zum Ausgangsort nach Reflexion an
Spiegeln in gleichem Abstand L

Abb. 5.3: Die Definition der Zeiteinheit hängt nicht von der Richtung der Lichtausbreitung – d. h. der Ausrichtung der Lichtuhr – ab.

Hängt die Zeiteinheit ZE von dem Ort ab, an dem die Lichtuhr aufgestellt ist?

Nein, denn: Wenn die oben erläuterte Homogenität des Raums gilt, bedeutet es keinen Unterschied, wo die Lichtuhr aufgestellt ist. Des Weiteren kann man experimentell Folgendes feststellen (Abb. 5.4): Wenn nach jedem „Tick" einer ersten Lichtuhr an einem ersten Ort ein Signal in Richtung einer baugleichen (!) zweiten Lichtuhr an einem anderen Ort ausgesendet wird, treffen die Signale bei der zweiten Lichtuhr genau im Abstand der dort erzeugten „Ticks" ein[8]. Mit anderen Worten ticken die beiden Lichtuhren gleich schnell. Beteiligt ist dabei auch die Homogenität der Zeit, d. h. die Annahme, dass die von der ersten Uhr ausgesendeten Signale gleichen Zeitabstand behalten und immer gleich schnell in Richtung der zweiten Uhr wandern, egal bei welchem „Tick" sie erzeugt wurden. Diese Signale können übrigens Lichtsignale sein,

---

8 Im Rahmen der Allgemeinen Relativitätstheorie gilt dies in beschleunigten Bezugssystemen bzw. unter Gravitation nicht mehr.

müssen es aber nicht, solange sie sich nur reproduzierbar ausbreiten. In einem mit Materie ausgefüllten Raum könnten es theoretisch auch Schallwellen sein.

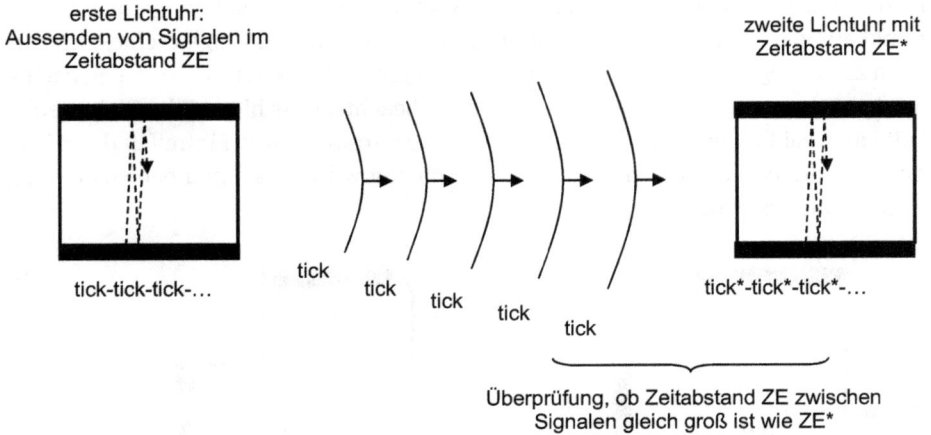

Abb. 5.4: Überprüfung, dass die Länge der Zeiteinheit in baugleichen, ruhenden Lichtuhren nicht vom Ort abhängt.

Uhrensynchronisation

Mithilfe der erläuterten Lichtuhren lässt sich an jedem Raumpunkt die dort ablaufende Zeit quantitativ erfassen. Allerdings läuft jede dieser Uhren autonom vor sich hin und weiß nichts vom Ablauf und der Zählweise bzw. Zeitanzeige der anderen Uhren. Für die globale Beschreibung physikalischer Vorgänge wüsste man jedoch gern, was eine Lichtuhr an einem ersten Ort genau in dem Moment anzeigt, in dem eine Lichtuhr an einem zweiten Ort gerade ihr soundsovieltes „Tick" macht. Dies ist die Frage nach einem global gültigen Zeitmaß, bei dem man für jeden Raumpunkt weiß, welches Ereignis gerade stattfindet, wenn eine Referenzuhr beispielsweise 12:00 Uhr Mittag anzeigt.

Es war diesbezüglich bereits die wichtige Erkenntnis erläutert worden, dass ein solches global gültiges Zeitmaß zwar tief in der menschlichen Vorstellung verankert ist, physikalisch jedoch nicht a priori existiert. Um zu einem global gültigen Zeitmaß zu kommen, bedarf es vielmehr einer willkürlichen Definition, welche Zeitpunkte auf verschiedenen Uhren an verschiedenen Orten als **gleichzeitig** (synchron) betrachtet werden. Den operativen Prozess einer solchen globalen Definition der Gleichzeitigkeit bezeichnet man als Uhrensynchronisation. Manche Uhrensynchronisationen erweisen sich dabei als plausibler bzw. zweckmäßiger zur Beschreibung der Natur als andere. Zum Beispiel wird man vernünftigerweise von einer Uhrensynchronisation verlangen, dass die lokalen Zeiten stetig verlaufen, die Zeitanzeigen zweier Uhren also umso dichter beieinander liegen, je näher die Uhren im Raum nebeneinander angeordnet sind.

Eine Uhrensynchronisation, die dies erfüllt, könnte wie folgt aussehen (Abb. 5.5): Zu einem Zeitpunkt $t_S = 0$ sendet man von einer gegebenen Stelle S des Raums ein Lichtsignal in alle Richtungen aus (Kugelwelle). Sobald dieses Signal an einem Raumpunkt P vorbeikommt, wird dort als Zeitpunkt $t_P = 0$ definiert.

Eine hierzu gewissermaßen umgekehrte Art der Synchronisation liegt bei unserem intuitiven Weltbild vor, bei dem wir im Ausgangspunkt S sitzen und alles als gleichzeitig betrachten, was im selben Augenblick unser Auge erreicht.

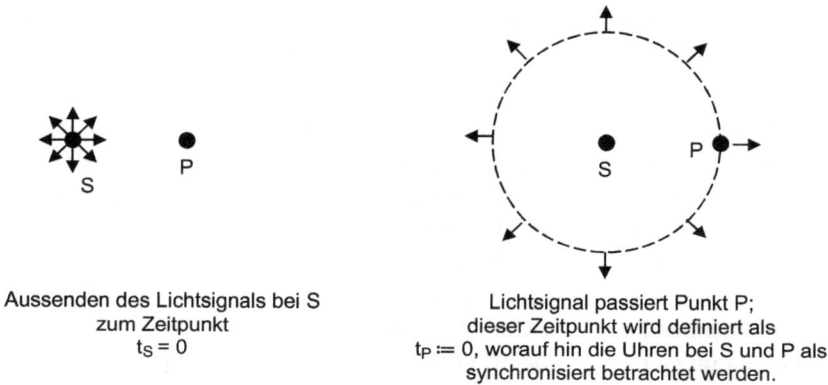

Aussenden des Lichtsignals bei S zum Zeitpunkt $t_S = 0$

Lichtsignal passiert Punkt P; dieser Zeitpunkt wird definiert als $t_P := 0$, worauf hin die Uhren bei S und P als synchronisiert betrachtet werden.

Abb. 5.5: Eine unzweckmäßige Art der Uhrensynchronisation.

Zur Aufstellung physikalischer Gesetze sind diese Definitionen allerdings höchst unbrauchbar, da ihr Ergebnis von der willkürlichen Wahl des Punkts S im Raum abhängt. Dieses Problem besteht bei dem nachfolgend erläuterten Ansatz nicht.

Dieser wohl plausibelste und auf jeden Fall zweckmäßigste Weg zur Uhrensynchronisation nimmt an, dass die Reflexion eines Lichtstrahls an einem Spiegel zeitlich genau in der Mitte zwischen dem Aussenden und dem Wiedereintreffen des Lichtstrahls am Sender liegt. Dies ist gleichbedeutend mit der Annahme, dass sich das Licht in Hin- und Rückrichtung gleich schnell bewegt, was wiederum mit der Isotropie des Raums korrespondiert. Mit dieser Annahme kann man gemäß Abb. 5.6 die am Sender lokal gemessene Zeit t_S auf die lokale Zeit t_P am Spiegel transferieren, was sich für alle Punkte des Raums durchführen lässt (durch dortiges Anordnen eines Spiegels).

Es gibt verschiedene äquivalente Formulierungen für diese Art der Uhrensynchronisation, die zu demselben Ergebnis kommen. Als **Einsteinsche Synchronisation** wird dabei folgende Vereinbarung bezeichnet:

Zwei Ereignisse an unterschiedlichen Orten S und P des Raums werden als (global) gleichzeitig betrachtet, wenn von ihnen ausgesandte Lichtstrahlen (lokal) gleich-

Definition der lokalen Zeit t_P am Spiegel so, dass
$$t_P := T/2$$

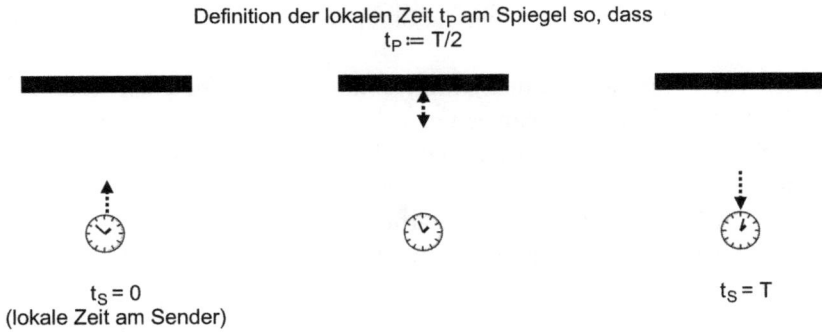

$t_S = 0$
(lokale Zeit am Sender)

$t_S = T$

Abb. 5.6: Eine zweckmäßige Art der Uhrensynchronisation durch Übertragung der Zeit von einer Referenzuhr (Sender) auf den Ort eines Spiegels mittels eines Lichtsignals.

zeitig in der Mitte zwischen den beiden Raumpunkten eintreffen (Abb. 5.7). Man beachte, dass dabei zur Bestimmung der Mitte zwischen den beiden Raumpunkten ein Längenmaß gegeben sein muss (die Definition einer Verbindungsgeraden ist nicht unbedingt erforderlich, da sich die Strahlen auch irgendwo im Raum treffen könnten, solange nur die zurückgelegten Wege gleich lang waren).

Anders als bei den ersten Beispielen der Uhrensynchronisation (alle von einer Kugelwelle durchlaufenden Ereignisse sind gleichzeitig) kommen bei der Einsteinschen Version alle im Raum verteilt ruhenden[9] Beobachter zu denselben Ergebnissen, was die Beschreibung unabhängig vom Standort des Beobachters macht.

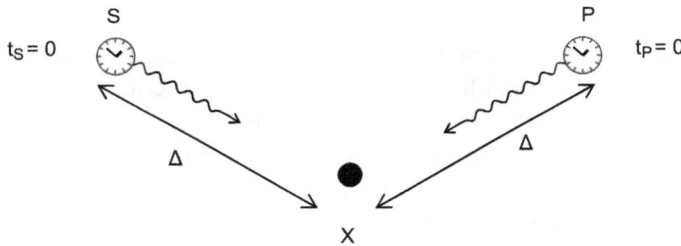

Abb. 5.7: Die Einsteinsche Uhrensynchronisation: Zwei voneinander räumlich entfernte Zeitpunkte sind gleich, $t_S = t_P$, wenn von ihnen ausgesandte Lichtsignale sich gleichzeitig an einem gleich weit entfernten Punkt X treffen (anders als dargestellt ist dies typischerweise der Mittelpunkt auf der Verbindungslinie). Das Ergebnis ist dasselbe wie bei der Uhrensynchronisation gemäß der vorhergehenden Abbildung.

---

9 Wie sich später zeigen wird, betrachten bewegte Beobachter allerdings andere Ereignisse als gleichzeitig.

6 Raumzeit

Vierdimensionale Koordinatensysteme

Durch die bisherigen Vorarbeiten ist für den (Orts-)Raum ein dreidimensionales räumliches kartesisches Koordinatensystem mit den Koordinaten x_1, x_2, x_3 gewonnen worden, und allen Zeitpunkten konnte eine global synchronisierte Zeit t zugeordnet werden. Damit lässt sich jedem Ereignis, das durch einen Raumpunkt und einen Zeitpunkt definiert ist, ein Satz von vier Koordinaten zuordnen, der dieses Ereignis eindeutig indiziert. Es erweist sich später als praktisch, wenn man als vierte Koordinate nicht die Zeit t selbst, sondern die mit einer Konstanten, nämlich der Lichtgeschwindigkeit c, multiplizierte Zeit c · t verwendet. Auf diese Weise erhält man als die vier Koordinaten eines jeden Punkts in der vierdimensionalen **Raumzeit**:

$$(x_0, x_1, x_2, x_3) = (c \cdot t, x_1, x_2, x_3)$$

Wenn man im Folgenden mit den Koordinaten als bloße Zahlenwerte bzw. mathematische Vektoren zu rechnen beginnt, sollte man im Hinterkopf behalten, dass die räumlichen Koordinaten durch den Vergleich einer Länge mit einem willkürlich ausgewählten Einheitsmaßstab LE gewonnen wurden; mithilfe dieses Einheitsmaßstabs und der Lichtausbreitung wurde sodann ein Maß für eine lokale Zeiteinheit ZE gewonnen (Lichtuhr); wiederum mithilfe der Maßstäbe und der Lichtausbreitung konnten schließlich diese lokalen Zeiten untereinander synchronisiert und damit auf den gesamten Raum ausgedehnt werden.

Es zeigt sich, dass die vierdimensionale Raumzeit unsere reale Welt zutreffender beschreibt als die getrennte Handhabung eines dreidimensionalen Raums und einer eindimensionalen Zeit[10]. Leider sind vier Dimensionen nicht mehr der menschlichen Vorstellung zugänglich. Bei einer Veranschaulichung der Raumzeit unterdrückt man daher in der Regel ein oder zwei Raumdimensionen, um so zu dreidimensionalen bzw. zweidimensionalen Darstellungen zu gelangen. Der Lebensweg eines Objekts in einer solchen Raumzeit wird üblicherweise als seine **Weltlinie** bezeichnet und das zugehörige vierdimensionale Raumzeitkoordinatensystem als **Minkowski-Diagramm**.

---

10 Die untrennbare Verbindung von Raum und Zeit zeigt sich bereits vorrelativistisch darin, dass der Zustand der Welt durch reine Ortsinformationen nicht ausreichend erfasst wird, sondern dass auch Geschwindigkeitsinformationen gebraucht werden. Sie erklärt letztlich auch das Pfeil-Paradoxon des Zenon, wonach man sich aus Momenten der Ruhe (eines fliegenden Pfeils) keine Bewegung zusammengesetzt denken kann.

https://doi.org/10.1515/9783110737455-006

7 Geschwindigkeit

Direktvergleich

Durch das vierdimensionale Bezugssystem für die Raumzeit (im Folgenden oft mit dem Buchstaben K gekennzeichnet, der gleichermaßen auch zur Bezeichnung des zugehörigen vierdimensionalen Koordinatensystems oder des zugehörigen dreidimensionalen räumlichen Koordinatensystems verwendet wird) ist eine Grundlage dafür geschaffen, Naturvorgänge in Hinblick auf quantitative Gesetzmäßigkeiten zu untersuchen. Nach der reinen Lokalisation eines Objekts bzw. Ereignisses in der Raumzeit ist dabei die Bewegung eines solchen Objekts die nächsthöhere Stufe der Beschreibung. In diesem Zusammenhang wird der Begriff der **Geschwindigkeit** bzw. der Geschwindigkeitsmessung eingeführt.

Die Basis für die Beschreibung der Bewegung eines Objekts durch die Raumzeit kann letztlich stets nur der Vergleich mit der Bewegung eines Referenzobjekts sein. Im unmittelbarsten Fall bewegen sich Objekt und Referenzobjekt dabei immer eng nebeneinander, sodass zu jeder Zeit ihr Gleichlauf nachprüfbar ist. Dies gilt beispielsweise für zwei Lichtstrahlen, die vom (fast) selben Raumpunkt gleichzeitig ausgesendet wurden (Abb. 7.1).

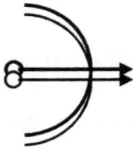

Abb. 7.1: Die Wellenfronten von zwei Lichtstrahlen breiten sich mit gleicher Geschwindigkeit aus (nur aus darstellerischen Gründen sind die beiden Wellenfronten leicht versetzt gezeichnet).

Mit dem vorstehend beschriebenen unmittelbaren Vergleich kann nur die Gleichheit zweier Bewegungen bzw. Geschwindigkeiten festgestellt werden. Interessanter sind aber Aussagen über das Verhältnis von Geschwindigkeiten, beispielsweise dass sich ein Beobachtungsobjekt mit einem bestimmten Bruchteil der Lichtgeschwindigkeit bewegen möge. Letzteres kann man durch einen Vergleich erreichen, bei dem man Licht über Spiegel zwischen einem Startpunkt und einem Messpunkt auf einen n-mal längeren Weg schickt als das Objekt; kommen Objekt und Licht am Messpunkt gleichzeitig an, so betrug die Geschwindigkeit des Objekts offenbar ein n-tel der Lichtgeschwindigkeit (Abb. 7.2).

https://doi.org/10.1515/9783110737455-007

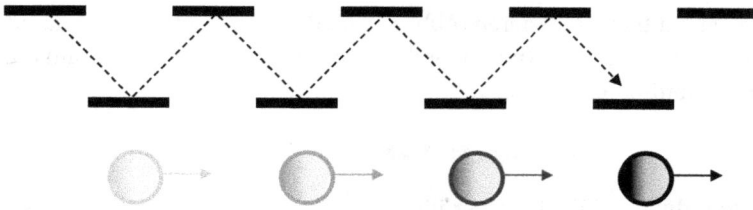

Abb. 7.2: Die Fortbewegung eines Teilchens wird mit einem Lichtstrahl verglichen, der auf einen längeren Weg geschickt wird.

Weg pro Zeit

Zu demselben Resultat wie im vorstehend beschriebenen Verfahren kommt man, wenn man die Länge des vom Beobachtungsobjekt zurückgelegten Wegs misst und durch die Zeitdifferenz zwischen Start der Bewegung und Eintreffen am Messpunkt dividiert, wobei die Zeiten mit zwei miteinander synchronisierten Uhren am Start und Messpunkt ermittelt werden (Abb. 7.3). Denn auch bei diesem Vorgehen liegen letztlich der gewählte Einheitsmaßstab LE und die Lichtausbreitung zugrunde, sodass im Kern nichts anderes als ein Vergleich mit der Lichtausbreitung stattfindet.

Resultat des vorstehend beschriebenen Verfahrens ist dann eine Geschwindigkeitsmaßzahl, d. h. der Quotient aus zurückgelegter Weglänge (als Vielfaches der Längeneinheit LE) und der dafür benötigte Zeitdifferenz (als Vielfaches der Zeiteinheit ZE) gemäß

$$\text{Geschwindigkeit } v = \text{Weglänge/Zeitdifferenz} .$$

Geschwindigkeit v = Weglänge/Zeitdifferenz.

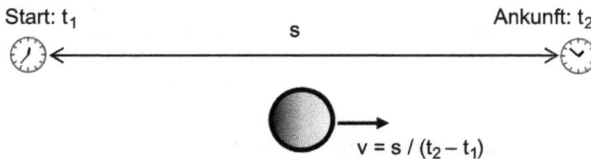

Abb. 7.3: Messung des Geschwindigkeitswerts mit Längen und synchronisierten Zeiten.

Wenn man die Weltlinie eines (kleinen) Objekts verfolgt, stellt man fest, dass diese immer zusammenhängend bleibt, sich also nicht plötzlich in mehrere identische Objekte aufspaltet, unstetige Sprünge innerhalb des Raums oder der Zeit macht oder dergleichen. Daher ist es möglich, eine solche Weltlinie durch eine zusammenhängende Kurve in der Raumzeit zu beschreiben, wobei die mit der Lichtgeschwindigkeit c multiplizierte Zeit $c \cdot t = x_0$ als ein Parameter verwendet werden kann, um jeden Punkt entlang der Kurve eindeutig zu indizieren (Abb. 7.4). Mathematisch erhält man damit eine funktionale Abbildung der Zeit (hier über die Koordinate x_0 beschrieben) auf die vierdimensionalen Koordinaten gemäß

$$x_0 \mapsto (x_0, x_1, x_2, x_3) \, .$$

Da die erste Koordinate einfach immer identisch mit dem Kurvenparameter ist, lässt man sie typischerweise weg und beschränkt sich auf die drei Raumkoordinaten:

$$x_0 \mapsto (x_1, x_2, x_3) \, .$$

Oder, in einer gebräuchlicheren Notation mit dem Ortsvektor $\underline{r}$ und der Zeit $t = x_0/c$:

$$t \mapsto \underline{r} = (x_1, x_2, x_3) = (x_1(t), x_2(t), x_3(t)) \, .$$

Aus dieser parametrisierten Raumkurve können mathematisch die vektorielle Geschwindigkeit $\underline{v}$ und andere gewünschte Größen durch Differenziation (Zeitableitung) gewonnen werden: $\underline{v} = d\underline{r}/dt$.

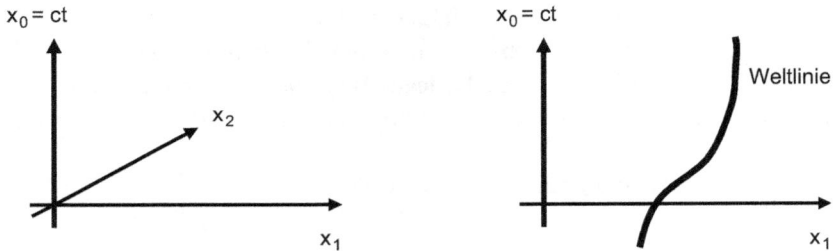

Abb. 7.4: Die Berücksichtigung der Zeit t durch die weitere Koordinatenachse $x_0 = c \cdot t$ in einer dreidimensionalen (links) bzw. zweidimensionalen (rechts) Illustration der Raumzeit. Rechts ist auch die Weltlinie eines Teilchens dargestellt, d. h. die zeitliche Abfolge aller vom Teilchen angenommenen Orte.

Die vierdimensionale Repräsentation von Objekten ermöglicht den „göttlichen" Blick auf deren gesamte Existenz über alle Zeiträume hinweg (Abb. 7.5). Wer möchte, darf auch gern darüber spekulieren, ob die gesamte Raumzeit mitsamt den Objekten vielleicht dauerhaft existiert, es also alle Zustände ewig gibt, und wir nur mit unserem Bewusstsein räumlich begrenzt und in einer bestimmten Zeitrichtung durch diese vierdimensionale Welt wandern.

Mit der bisherigen Vorarbeit konnte jedenfalls ausgehend von Bezugsobjekten (Bezugskörper am Ursprung des Koordinatensystems, Einheitsmaßstab LE) und einer Referenzbewegung (Lichtausbreitung) ein System von Koordinaten für den gesamten Weltlauf konstruiert werden. Dabei wurden allerdings Annahmen verwendet, die zu einem Euklidischen Raum führten und im Rahmen der Allgemeinen Relativitätstheorie zu überprüfen und zu korrigieren sein werden. Hier soll jedoch der begonnene Pfad weiterverfolgt werden.

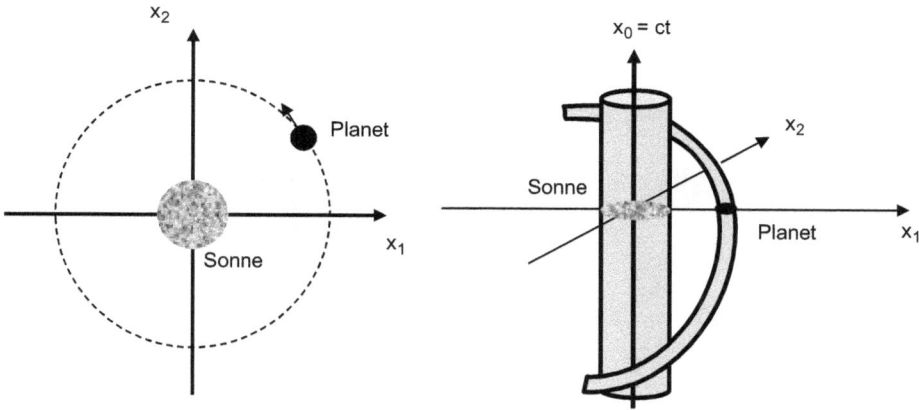

Abb. 7.5: Bewegung eines Planeten um die Sonne in rein räumlicher (links) und in raumzeitlicher Darstellung (rechts). In der raumzeitlichen Darstellung wird erkennbar, dass die Objekte eine kontinuierliche Existenz zu allen Zeitpunkten haben.

Teil II: **Zeit und Länge bewegter Objekte**

8 Trägheitsgesetz

Bewegung im Universum

Bei der bisher vorgenommenen Betrachtung wurden gedanklich einige Objekte in den anfangs leeren Raum gesetzt und zur Konstruktion von zeitlichen und räumlichen Koordinaten verwendet, mit deren Hilfe Naturvorgänge beschrieben und physikalische Gesetze erforscht werden können (was noch zu tun wäre).

Bei der Konstruktion eines einzigen Koordinatensystems könnte man es im Prinzip bewenden lassen und alle physikalischen Vorgänge sowie Naturgesetze bezogen hierauf beschreiben. Es wäre jedoch äußerst unpraktisch, Vorgänge in einem Laborraum bezüglich eines Koordinatensystems beschreiben zu müssen, dessen räumlicher und zeitlicher Ursprung weit entfernt irgendwo auf der Welt und zu irgendeinem Zeitpunkt festgelegt ist. Darüber hinaus liefert es wichtige Erkenntnisse über die Naturgesetze selbst, wenn man diese bezüglich verschiedener Koordinatensysteme aufstellt. Insbesondere interessant sind dabei sogenannte Symmetrien, also Änderungen im Koordinatensystem, die keinen Einfluss auf die (mathematische) Form der Naturgesetze haben.

Aus der angenommenen und experimentell immer wieder bestätigten Homogenität und Isotropie von Raum und Zeit folgt beispielsweise, dass die Naturgesetze nicht von einem bestimmten Ort oder einer Richtung in Raum und Zeit abhängen dürfen. Man spricht daher von der Symmetrie der Naturgesetze in Bezug auf die Homogenität und Isotropie von Raum und Zeit, denn eine Verschiebung des Koordinatenursprungs und/oder eine Drehung des Koordinatensystems darf die Form der Naturgesetze nicht ändern, ähnlich wie eine Spiegelung ein spiegelsymmetrisches Objekt nicht ändert.

Im Folgenden soll der Frage nachgegangen werden, inwieweit eine **Bewegung** der Objekte Einfluss auf deren physikalische Eigenschaften bzw. die Bewegung des Koordinatensystems Einfluss auf die Form der Naturgesetze haben. Da Koordinatensysteme mithilfe von Objekten definiert werden, sind diese Fragen zwei Seiten derselben Medaille.

Für die bisher betrachteten Objekte im ansonsten leeren Raum scheint dabei zunächst die Frage sinnlos zu sein, ob sie sich als Schwarm (!) irgendwie gemeinsam durch den leeren Raum bewegen, gegebenenfalls drehend oder beschleunigt, oder ob sie an einer Stelle darin ruhen, da man keinerlei Referenzpunkte für die Feststellung von Bewegung oder Ruhe hat. Man kann daher zu der Annahme kommen, dass die Naturgesetze auch symmetrisch oder invariant gegenüber solchen beliebigen Bewegungen sein müssen. Diese Annahme ist in der Tat eine Grundlage der Allgemeinen Relativitätstheorie. Die Spezielle Relativitätstheorie geht jedoch noch nicht so weit, sondern baut auf den nachfolgend erläuterten Beobachtungen auf.

https://doi.org/10.1515/9783110737455-008

Newtons Eimerexperiment

Auf Isaac Newton geht das Prinzip des folgenden, in Abb. 8.1 illustrierten Gedanken-experiments zurück: Man betrachte einen mit Wasser gefüllten Eimer im Weltraum. Anfänglich sei alles in Ruhe (was immer das ist), das Wasser füllt den Eimer bis zu einer gewissen Höhe und endet in einer ebenen Oberfläche (ohne die Schwerkraft der Erde würde das Wasser eher eine Kugelform annehmen; um solche Nebenprobleme zu vermeiden, kann man sich vorstellen, zwei Eimer seien spiegelbildlich zueinander angeordnet, sodass sich ihre Wassermengen gegenseitig anziehen und am Boden des jeweiligen Eimers halten).

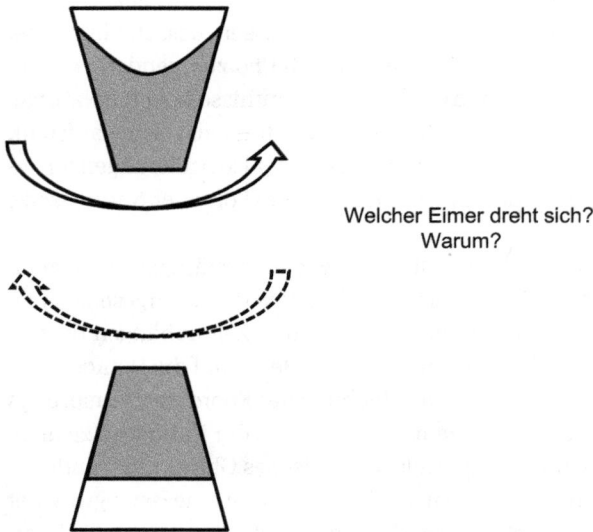

Welcher Eimer dreht sich?
Warum?

Abb. 8.1: Newtons Eimerexperiment: Beginnt ein mit Wasser gefüllter, anfangs ruhender Eimer sich im ansonsten leeren Weltraum zu drehen, so wölbt sich die Wasseroberfläche nach innen ein. Bei zwei sich gegenüberstehenden Eimern, die sich relativ zueinander drehen, könnte damit eine absolute Drehung gegenüber einer absoluten Ruhe in Bezug auf den Raum unterschieden werden.

Wenn man nun den Eimer um seine Hochachse in Drehung versetzt, wird nach und nach auch das Wasser in Drehung gelangen, bis sich jedes Wasserteilchen gleich schnell wie der Eimer dreht. Man beobachtet dann jedoch, dass aus der ebenen Wasser-oberfläche eine gekrümmte Oberfläche geworden ist. In der klassischen Mechanik wird dies durch Fliehkräfte erklärt, die aufgrund der Drehung des Eimers zustande kommen. Im Weltraum ist die Frage allerdings: Drehung in Bezug worauf?

Newtons Antwort an dieser Stelle war, dass das Wasser im Eimer eine Drehung re-lativ zu einem absoluten Raum spürt und dies die Ursache für die auftretenden Flieh-kräfte ist. Die Fliehkräfte sind dabei nur ein Spezialfall für Trägheitskräfte, die immer bei beschleunigten Bewegungen von Massen auftreten (aber auch hier die Frage: Beschleunigung relativ wozu?).

Die Problematik wird nachfolgend noch an einem weiteren Beispiel beleuchtet.

Testobjekt an Federn

Ein Testobjekt befinde sich wie in Abb. 8.2 dargestellt in der Mitte einer Hohlkugel, mit deren Wänden es in alle Richtungen hin über Spiralfedern derart verbunden ist, dass die Spiralfedern auf das Objekt keine Kraft ausüben, wenn es sich genau am Mittelpunkt der Hohlkugel befindet; andernfalls erzeugen die Spiralfedern entsprechend ihrer Stauchung oder Streckung Druck- oder Zugkräfte in Richtung der Kugelmitte. Ferner sei angenommen, dass die Hohlkugel mit einem Medium gefüllt ist, das eine Bewegung des Objekts dämpft, sodass eventuelle Schwingungen des Objekts in seiner Federaufhängung nach einer gewissen Zeit abklingen.

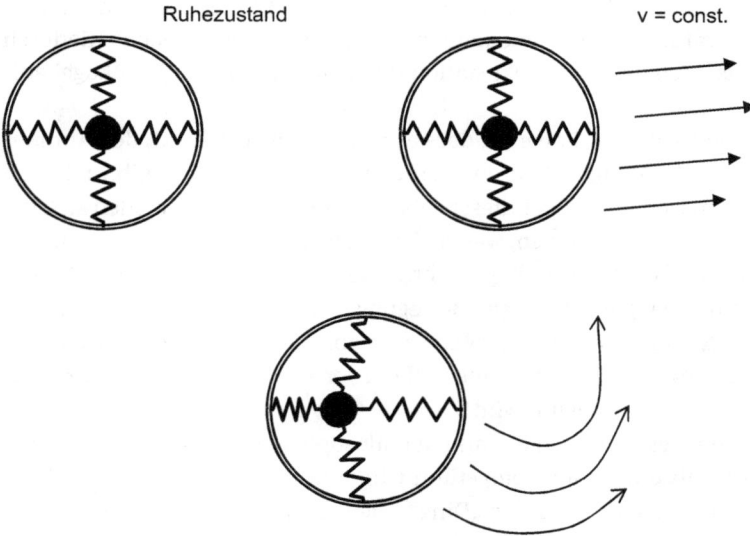

Abb. 8.2: Ein an Federn und gedämpft aufgehängtes Testobjekt innerhalb einer Hohlkugel erfährt Beschleunigungskräfte über die Federn (bzw. übt Trägheitskräfte auf die Federn aus), sofern es sich nicht in einem Ruhezustand oder in gleichförmiger Bewegung (Geschwindigkeit v) relativ zum Ruhezustand befindet.

Man kann ein solches Testsystem nun zwangsweise auf ganz unterschiedliche Arten durch den Raum bewegen (wer das tut und wie er es macht, sei dahingestellt) und wird dabei folgendes beobachten:

Bei den allermeisten Bewegungsarten wird das Testobjekt in irgendeiner Richtung mehr oder weniger stark aus dem Mittelpunkt der Hohlkugel ausgelenkt sein unter Stauchung bzw. Streckung der Aufhängungsfedern, was als die Ausübung von Beschleunigungskräften (von den Federn auf das Testobjekt) oder Trägheitskräften (vom Testobjekt auf die Federn) gedeutet werden kann. Es gibt jedoch auch bestimmte Bewegungsarten, bei denen sich das Testobjekt stationär am Mittelpunkt der Hohlkugel aufhält. Bei einem genaueren Vergleich solcher Bewegungsarten stellt man fest, dass diese zueinander in einer einfachen Beziehung stehen, nämlich dass die zugehörigen Bewegungen der Hohlkugeln relativ zueinander mit einer gleichförmigen Geschwindigkeit erfolgen. Definiert man eine dieser Bewegungsarten willkürlich als einen Ruhezustand, so lassen sich alle anderen Bewegungsarten, bei denen das Testobjekt sich stationär am Mittelpunkt der Hohlkugel befindet, als gleichförmige Bewegungen mit konstanter Geschwindigkeit gegenüber dem Ruhezustand beschreiben.

Auch hier stellt sich somit die Frage, woher die beobachteten Unterschiede kommen. Außer über die Aufhängungsfedern findet keine erkennbare Wechselwirkung des Testobjekts mit der Hohlkugel oder anderen Objekten statt (dies sei jedenfalls vorausgesetzt und experimentell so gut wie möglich sichergestellt; z. B. sollte das Testobjekt elektrisch neutral sein). Wieso sind dann manche Bewegungen offenbar dadurch ausgezeichnet, dass sich das Testobjekt stationär am Mittelpunkt der Hohlkugel aufhält?

Newtons Antwort auf diese Frage ist, dass es neben dem Testobjekt, den Aufhängungsfedern und der Hohlkugel eben noch einen weiteren Mitspieler gibt, nämlich den absoluten Raum. Und gegenüber diesem absoluten Raum unterscheiden sich die vorgenommenen Zwangsbewegungen, was zu den beobachteten Unterschieden in der Lage des Testobjekts relativ zur Hohlkugel führt. Offenbar ist es so, dass jeder Körper bzw. jede „Masse" in einer gleichförmigen Bewegung (also mit konstantem Geschwindigkeitsbetrag in konstanter Richtung) relativ zum absoluten Raum verharrt, sofern nicht auf ihn/sie eingewirkt wird (über einen Effekt, der als Kraft bezeichnet wird und vorliegend von den Federn ausgeübt wird).

Newtons Konzept des absoluten Raums hat philosophisch gesehen die Schwäche, dass ein „Ding" (der absolute Raum) eingeführt wird, um Trägheitskräfte zu erklären, dass andererseits der Nachweis für das „Ding" allein in der Existenz der Trägheitskräfte besteht. Das riecht nach einem Zirkelschluss.

Eine bekannte Kritik an Newtons Erklärung des Eimerversuchs stammt von dem Physiker Ernst Mach. Mach wies darauf hin, dass man ein Experiment im leeren Weltraum nicht wirklich durchführen kann, sondern dass der Weltraum mit Massen – insbesondere der Fixsterne – gefüllt ist und dass die Drehung des Eimers gegenüber diesem Hintergrund der Fixsterne erfolgt. Laut Mach ist somit der Hintergrund aller Massen im Weltraum die Ursache für die Trägheitskräfte und nicht ein ansonsten nicht nachweisbarer „absoluter Raum".

Formulierung des Trägheitsgesetzes

Die beschriebene Diskussion soll hier nicht weiterverfolgt werden. Den Experimenten ist jedoch die wichtige Erkenntnis zu entnehmen, dass offenbar Bewegungen nicht völlig ohne Einfluss auf das Naturgeschehen sind, d. h. dass die Naturgesetze nicht unbedingt symmetrisch bezüglich aller Bewegungen sind. Insbesondere gibt es eine Klasse von Bewegungen, die sich durch eine Besonderheit auszeichnen, nämlich dass bei ihnen keine Trägheitskräfte auftreten. Bezogen auf Newtons Eimerexperiment bleibt bei solchen Bewegungen die Wasseroberfläche im Eimer eben. Bezogen auf das Testobjekt in der Hohlkugel bleibt bei solchen Bewegungen das Testobjekt stationär am Mittelpunkt. Bezugssysteme, die derartige Bewegungen ausführen, werden als **Inertialsysteme** („inertia" für Trägheit) bezeichnet, denn in ihnen gilt das

Trägheitsgesetz[11]: Ein Körper, auf den keine Kräfte einwirken, bleibt in Bezug auf ein Inertialsystem als Bezugssystem im Zustand der Ruhe oder der gleichförmigen Bewegung.

Es lohnt sich, dieses Gesetz einmal genauer zu durchdenken. Das als Inertialsystem bezeichnete Bezugssystem kann in der oben beschriebenen Weise mit einem raumzeitlichen Koordinatensystem versehen werden, sodass die Begriffe Ruhe (keine zeitliche Veränderung der räumlichen Koordinaten eines Objekts) bzw. gleichförmige Bewegung (Veränderung der räumlichen Koordinaten eines Objekts mit konstanter Geschwindigkeit) wohldefiniert sind. Was sind jedoch Kräfte, und wann wirken keine auf einen Körper ein? Hier droht ein Zirkelschluss der Art, dass man sagt, wenn ein Körper nicht in Ruhe oder gleichförmiger Bewegung bleibt, wirken Kräfte auf ihn ein, um dann wiederum die so definierten Kräfte zur Erkennung von Ruhe oder gleichförmiger Bewegung zu verwenden. Eine logisch vollkommen befriedigende Lösung scheint es für dieses Problem nicht zu geben[12] und wie oft in der Physik muss man praktikable Definitionen vorgeben, um daraus dann Gesetzmäßigkeiten ableiten zu können. Vorliegend besteht eine näherungsweise praktikable Definition des kräftefreien Körpers oder auch freien Teilchens darin anzunehmen, dass dieser bzw. dieses hinreichend weit von anderen Objekten entfernt und damit deren Einfluss entzogen ist und dass er bzw. es keine erkennbaren Eigenschaften wie elektrische Ladung hat, die irgendwie zu Kraftwechselwirkungen führen könnten.

Methodisch kann man im Übrigen auch so vorgehen, dass man die Existenz einer Reihe von Testobjekten annimmt, von denen man nachweisen kann oder zumindest voraussetzt, dass es sich um freie Teilchen handelt. Durch die Bewegung von einigen ausgewählten solcher freien Teilchen können dann die Begriffe Gerade, Gleichförmigkeit und Länge definiert werden, also letztlich die Koordinaten eines Inertialsystems konstruiert werden (ohne Rückgriff auf Einheitsmaßstäbe LE und die Lichtausbreitung).

---

11 Auch als erstes Newtonsches Gesetz bekannt.
12 Vgl. H. Pfister, *Newton's First Law Revisited*, Foundations of Physics Letters, Vol. 17, No. 1

9 Inertialsysteme

Inertialsysteme sind somit die Bezugssysteme, in denen das Trägheitsgesetz gilt, und zwar für alle dort beobachteten freien Teilchen. Wie bereits erwähnt zeigt sich, dass sich alle Inertialsysteme voneinander lediglich durch eine gleichförmige Relativbewegung unterscheiden.

Aufgrund ihrer großen Bedeutung erhalten die Inertialsysteme hier ein eigenes Kapitel. Diese Bedeutung ist mit der Gültigkeit des Trägheitsgesetzes bei Weitem nicht erschöpft. Vielmehr gilt für Inertialsysteme untereinander das nachfolgend besprochene Relativitätsprinzip.

https://doi.org/10.1515/9783110737455-009

10 Relativitätsprinzip

Relativitätsprinzip von Galilei

Galileo Galilei hat in unübertroffener Anschaulichkeit beschrieben, dass man durch Beobachtung mechanischer Vorgänge innerhalb eines geschlossenen Labors (präziser gesagt innerhalb eines Inertialsystems) nicht feststellen kann, ob sich das Labor in Ruhe befindet oder in gleichförmiger Bewegung. Diese Erkenntnis wird als (mechanisches) Relativitätsprinzip bezeichnet, da offenbar nur gleichförmige Bewegungen von einem Objekt <u>relativ</u> zu einem anderen feststellbar sind und keine absolute Bewegung durch den (leeren) Raum. Hier ein Auszug aus Galileis Erläuterungen:[13]

> Schließt Euch in Gesellschaft eines Freundes in einen möglichst großen Raum unter dem Deck eines Schiffes ein. Verschafft Euch Mücken, Schmetterlinge und ähnliches fliegendes Getier; sorgt auch für ein Gefäß mit Wasser und kleinen Fischen darin; hängt ferner oben einen Eimer auf, welcher tropfenweise Wasser in ein zweites enghalsiges darunter gestelltes Gefäß träufeln lässt. Beobachtet nun sorgfältig, solange das Schiff stille steht, wie die fliegenden Tierchen mit der nämlichen Geschwindigkeit nach allen Seiten des Zimmers fliegen. Man wird sehen, wie die Fische ohne irgendwelchen Unterschied nach allen Richtungen schwimmen; die fallenden Tropfen werden alle in das untergestellte Gefäß fließen. Wenn Ihr Eurem Gefährten einen Gegenstand zuwerft, so braucht Ihr nicht kräftiger nach der einen als nach der anderen Richtung zu werfen, vorausgesetzt, dass es sich um gleiche Entfernungen handelt. Wenn Ihr, wie man sagt, mit gleichen Füssen einen Sprung macht, werdet Ihr nach jeder Richtung hin gleich weit gelangen. Achtet darauf, Euch all dieser Dinge sorgfältig zu vergewissern, wiewohl kein Zweifel obwaltet, dass bei ruhendem Schiffe alles sich so verhält.

V. Beckmann

Nun lasst das Schiff mit jeder beliebigen Geschwindigkeit sich bewegen: Ihr werdet – wenn nur die Bewegung gleichförmig ist und nicht hier- und dorthin schwankend – bei allen genannten Erscheinungen nicht die geringste Veränderung eintreten sehen. Aus keiner derselben werdet Ihr entnehmen können, ob das Schiff fährt oder stille steht. Beim Springen werdet Ihr auf den Dielen die nämlichen Strecken zurücklegen wie vorher, und wiewohl das Schiff aufs schnellste

13 Galileo Galilei: „Dialog über die beiden hauptsächlichsten Weltsysteme, das Ptolemäische und das Kopernikanische", B. G. Teubner, Leipzig 1891

https://doi.org/10.1515/9783110737455-010

sich bewegt, könnt Ihr keine größeren Sprünge nach dem Hinterteile als nach dem Vorderteile zu machen: Und doch gleitet der unter Euch befindliche Boden während der Zeit, wo Ihr Euch in der Luft befindet, in entgegengesetzter Richtung zu Eurem Sprunge vorwärts. Wenn Ihr Eurem Gefährten einen Gegenstand zuwerft, so braucht Ihr nicht mit größerer Kraft zu werfen, damit er ankomme, ob nun der Freund sich im Vorderteile und Ihr Euch im Hinterteile befindet oder ob Ihr umgekehrt steht. Die Tropfen werden wie zuvor ins untere Gefäß fallen, kein einziger wird nach dem Hinterteile zu fallen, obgleich das Schiff, während der Tropfen in der Luft ist, viele Spannen zurücklegt. Die Fische im Wasser werden sich nicht mehr anstrengen müssen, um nach dem vorangehenden Teile des Gefäßes zu schwimmen als nach dem hinterher folgenden; sie werden sich vielmehr mit gleicher Leichtigkeit nach dem Futter begeben, auf welchen Punkt des Gefäßrandes man es auch legen mag. Endlich werden auch die Mücken und Schmetterlinge ihren Flug ganz ohne Unterschied nach allen Richtungen fortsetzen. Niemals wird es vorkommen, dass sie gegen die dem Hinterteil zugekehrte Wand gedrängt werden, gewissermaßen müde von der Anstrengung, dem schnellfahrenden Schiffe nachfolgen zu müssen, und doch sind sie während ihres langen Aufenthaltes in der Luft von ihm getrennt [...]

Relativitätsprinzip von Einstein

Albert Einstein hat angenommen, dass dieses Prinzip nicht nur für mechanische, sondern für alle physikalischen Vorgänge gilt und es zu einem der zwei Grundbausteine seiner Speziellen Relativitätstheorie gemacht (der andere Grundbaustein ist die Unabhängigkeit der Lichtausbreitung von der Bewegung der Lichtquelle). Eine Formulierung des Einsteinschen Relativitätsprinzips kann wie folgt lauten:

Relativitätsprinzip: Alle physikalischen Vorgänge laufen in Inertialsystemen gleichartig ab.

Wie von Galilei so anschaulich geschildert wurde, liefern in Bezug auf zwei relativ zueinander bewegte Inertialsysteme gleich aufgebaute Versuche daher gleiche Ergebnisse, sodass es unmöglich ist, durch einen in einem Inertialsystem durchgeführten physikalischen Test festzustellen, ob dieses in einem Zustand der Ruhe oder der Bewegung ist. Die Begriffe Ruhe und Bewegung haben für Inertialsysteme somit nur relative Bedeutung, d. h., man kann nur feststellen, dass etwas relativ zu einem Referenzsystem in Ruhe oder Bewegung ist.

Das Relativitätsprinzip impliziert, dass auch die Naturgesetze in allen Inertialsystemen gleich lauten müssen, wenn man sie ausschließlich unter Zuhilfenahme von Teilen des jeweiligen Inertialsystems formuliert. Wenn zwei relativ zueinander bewegte Inertialsysteme also jeweils mit raumzeitlichen Koordinatensystemen ausgerüstet werden, die gleichartig aufgebaut sind (Verwendung gleichartiger Einheitsmaßstäbe LE, Lichtuhren etc.), so müssen die in Bezug auf die jeweiligen Koordinatensysteme ausgedrückten Naturgesetze formal gleich lauten (sogenannte Forminvarianz der Naturgesetze).

Zu der bereits erwähnten Symmetrie der Naturgesetze in Bezug auf die Homogenität und Isotropie von Raum und Zeit tritt somit noch die Symmetrie der Naturgesetze in Bezug auf gleichförmige Bewegungen hinzu (genauer gesagt in Bezug auf den Übergang von einem Inertialsystem in ein anderes), denn ihre Form darf nicht vom speziell zugrunde gelegten Inertialsystem abhängen.

Kennt man somit ein Naturgesetz wie beispielsweise das Gravitationsgesetz von Newton in Bezug auf ein erstes Inertialsystem K mit den Koordinaten (t, x, y, z), nämlich

$$F = G \frac{m_1 \cdot m_2}{(\Delta x^2 + \Delta y^2 + \Delta z^2)} \, ,$$

so muss dieses Naturgesetz bezogen auf ein anderes Inertialsystem K′ (das gegenüber dem ersten gleichförmig bewegt ist) mit den Koordinaten (t′, x′, y′, z′) formal genauso lauten, wenn man die ruhenden Koordinaten die durch die bewegten Koordinaten ersetzt, also

$$F = G \frac{m_1 \cdot m_2}{(\Delta x'^2 + \Delta y'^2 + \Delta z'^2)} \, .$$

11 Überlappung von Inertialsystemen

Das Relativitätsprinzip sagt, dass in relativ zueinander bewegten Inertialsystemen gleichartig in Bezug auf das jeweilige Koordinatensystem aufgebaute Versuche gleichartige Ergebnisse liefern (wiederum bezogen auf das jeweilige Koordinatensystem). Die Inertialsysteme können dabei meilenweit voneinander entfernt sein in faktisch voneinander getrennten Gebieten des Raums (oder der Zeit) und nichts voneinander wissen.

Eine neuartige Fragestellung tritt indes auf, wenn man ein und denselben physikalischen Vorgang alternativ von einem ersten Inertialsystem K oder einem zweiten Inertialsystem K' aus beschreiben will, die Inertialsysteme einander also räumlich und zeitlich überlappen. Diese Frage soll im Folgenden untersucht werden. Die betrachteten Vorgänge sind dabei denkbar einfach: der Vergleich der Länge eines Objekts mit einem Maßstab (Längenmessung), sowie der Vergleich einer Zeitdauer mit einer Uhr (Zeitmessung).

Für das Beispiel der Längenmessung gehe die untersuchte Fragestellung dabei konkret von folgender Situation aus:

- Man hat zwei gleichartige (baugleiche) Objekte, z. B. völlig gleich aufgebaute Einheitsmaßstäbe LE. Die Gleichheit kann beispielsweise festgestellt werden, indem man die beiden Objekte zunächst im Ruhezustand miteinander vergleicht und eines von ihnen dann in den gewünschten Bewegungszustand versetzt. Alternativ kann man in beiden Inertialsystemen stofflich gleich aufgebaute Objekte betrachten, z. B. ein bestimmtes Molekül, das durch seine chemische Struktur eindeutig bestimmt ist, oder in beiden Inertialsystemen Objekte nach identischen Verfahren herstellen.
- Die Objekte sind relativ zueinander gleichförmig bewegt, wobei ohne Beschränkung der Allgemeinheit das ruhende als ruhend im Inertialsystem K und das bewegte als ruhend im dazu bewegten Inertialsystem K' angesehen wird.
- Die Abmessungen des bewegten Objekts sollen vom ruhenden Inertialsystem K aus beurteilt werden.
- Die Abmessungen des ruhenden Objekts sollen vom bewegten Inertialsystem K' aus beurteilt werden.

Für eine Zeitmessung ist die Situation ähnlich, wobei das betrachtete Objekt eine Uhr ist und die Zeitdauer eines in dieser Uhr ablaufenden Vorgangs vergleichend gemessen wird.

https://doi.org/10.1515/9783110737455-011

Notation systembezogener Messungen

Da das Vergleichen von räumlichen und zeitlichen Abständen bezogen auf ein ruhendes oder ein bewegtes Inertialsystem große Bedeutung hat, andererseits aber auch ein hohes Potenzial für Verwirrung enthält, wird zunächst eine Schreibweise eingeführt, die die Vorgehensweise transparenter machen soll (Abb. 11.1). Dabei soll eine

> **Messung M** von **Etwas,** die bezogen auf das **System K** unter Zugrundelegung (mindestens) eines (Einheits-)**Maßes XE** durchgeführt wird und als Ergebnis die **Zahl Z** liefert,

wie folgt notiert werden:

$$\text{M(Etwas; System K; Maß XE) = Ergebniszahl Z}$$

oder noch kürzer:

$$\text{M(Etwas; K; XE) = Z}$$

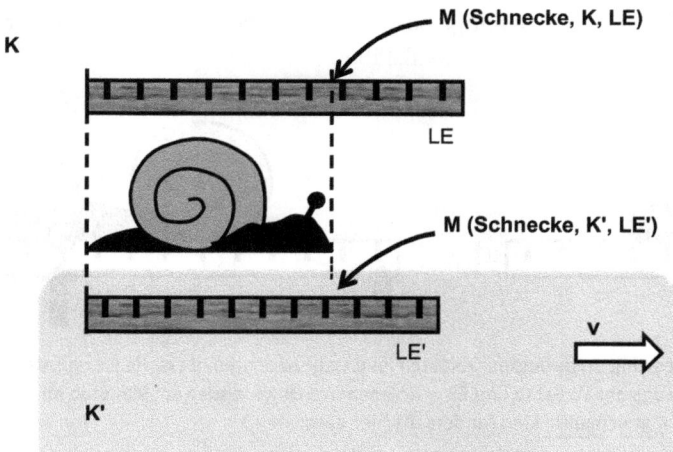

Abb. 11.1: Die Messung eines Objekts (Schnecke) liefert die Maßzahlen: a) M(Schnecke, K, LE) bei Messung vom ruhenden System K aus mit ruhender Längeneinheit LE; b) M(Schnecke, K', LE') bei Messung vom bewegten System K' aus mit bewegter Längeneinheit LE'. Man beachte, dass die Darstellung die Welt in einem Zeitpunkt zeigt, der in einem der Systeme (beispielsweise dem Ruhesystem K) an allen Orten derselbe ist. Bezogen auf das andere System (K') zeigt sie dagegen die Welt zu unterschiedlichen Zeitpunkten. Der genaue Ableseort von M(Schnecke, K', LE') kann daher in dieser Darstellung nicht gesehen werden (vgl. auch nächste Abbildung).

Das gemessene Etwas kann dabei je nach Fragestellung beispielsweise die räumliche Länge eines Objekts, die zeitliche Dauer eines Vorgangs oder der (räumliche und/oder zeitliche) Abstand zwischen zwei Ereignissen E1 und E2 sein, wobei letzteres die beiden ersten Anwendungen als Spezialfall umfasst. Ein Beispiel für zwei Ereignisse E1 und E2 sind die Erzeugung eines Teilchens (E1) und dessen Zerfall (E2); befindet sich das Teilchen im System K in Ruhe, so liegt kein räumlicher Abstand zwischen E1 und E2, sondern nur ein zeitlicher. Von einem bewegten System K' aus gesehen ist das Teilchen allerdings nicht in Ruhe, sodass dort zwischen E1 und E2 ein räumlicher Abstand zusätzlich zu einem zeitlichen Abstand gemessen wird.

Die Angabe der verglichenen Ereignisse E1 und E2 erweist sich auch bei der einfachen Längenmessung eines Objekts als äußerst wichtig. Wie bereits früher erläutert wurde, ist dort das erste Ereignis E1 das Übereintreffen des Objektanfangs mit einer ersten Maßstabmarke M1 und das zweite Ereignis E2 das Übereintreffen des Objektendes mit einer zweiten Maßstabmarke M2. Bewegt sich das Objekt relativ zum Maßstab nicht, so ist das Längenmessergebnis dasselbe, ganz gleich zu welchen Zeitpunkten E1 und E2 gehören. Bewegt es sich aber, beispielsweise im Fall einer kriechenden Schnecke (Abb. 11.2), so muss man tunlichst darauf achten, die Lage von Objektanfang und Objektende gleichzeitig abzulesen, wozu man miteinander synchronisierte Uhren beim Objektanfang und Objektende benötigt (sowie zwei dort befindliche Beobachter zum gleichzeitigen Ablesen der Uhren bzw. Maßstäbe).

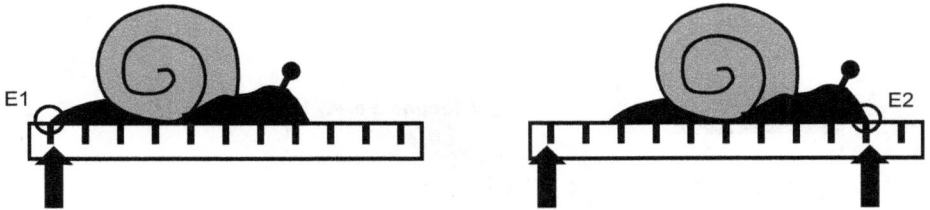

Abb. 11.2: Bei der Längenmessung an bewegten Objekten ist darauf zu achten, dass die Ereignisse E1 = Ablesen des Objektanfangs am Maßstab und E2 = Ablesen des Objektendes am Maßstab im zugrundeliegenden System K gleichzeitig sind (anders als hier dargestellt).

Die Formel **M(E1, E2; K; XE) = Z** bedeutet in Worten: Gemessen im System K liegt zwischen den Ereignissen E1, E2 die Z-fache Größe des Maßes XE, wobei das Maß XE insbesondere die Längeneinheit LE oder die Zeiteinheit ZE des Systems K oder eine hieraus abgeleitete Größe sein kann. Der Bezug auf das System K ist dabei in zweierlei Hinsicht relevant: Zum einen legt das System K fest, was derselbe Raumpunkt (zu verschiedenen Zeiten) ist, zum anderen legt es über die Uhrensynchronisation auch fest, was derselbe Zeitpunkt (an verschiedenen Orten) sein soll.

Wenn die verwendeten Maßstäbe XE (z. B. Einheitsmaßstab LE, Lichtuhr ZE) im zugrundeliegenden System K ruhen, ist die Messung im Allgemeinen kein Problem und entspricht bei Nutzung eines vierdimensionalen Koordinatensystems einfach dem Auswerten von Koordinatendifferenzen. Schwieriger wird die Betrachtung, wenn beobachtetes Objekt, Koordinatensystem und/oder Maßstäbe relativ zueinander in Bewegung sind.

Ein Letztes: Wenn man die Größe des Etwas angeben will, setzt man zur ermittelten Zahl Z typischerweise noch den Maßstab XE als Faktor hinzu:

$$\text{Größe} = Z \cdot XE$$

(z. B. Länge eines Objekts = 5 Meter).

12 Längenverhalten senkrecht zur Bewegungsrichtung

Bewegung von zwei Kugeln

Als Vorübung sollen zwei einfache Kugeln verglichen werden. Was kann passieren, wenn eine von diesen in eine gleichförmige Bewegung versetzt wird?

Dabei wird im Folgenden in der Regel immer angenommen, dass diese Bewegung in Richtung der x-Achse des ruhenden Inertialsystems K erfolgt. Des Weiteren liegt eine gleichförmige Bewegung eines Objekts gegenüber dem Inertialsystem K definitionsgemäß dann vor, wenn jeder Punkt dieses Objekts eine nach Betrag und Richtung gleich große Geschwindigkeit v in Bezug auf K hat.

Grundsätzlich kann sich die in Bewegung gesetzte Kugel beliebig verändern, z. B. zerbrechen. Je nach Bauart der Kugel (z. B. Seifenblase) bzw. Durchführung der Beschleunigung (z. B. Raketenstart) wird solches auch geschehen. Nachfolgend wird jedoch angenommen, dass die Kugel ausreichend stabil ist und der Beschleunigungsvorgang hinreichend sanft erfolgt, sodass die Kugel keinen solchen Bruch erfährt.

Allein durch die Tatsache sich in Bewegung zu befinden, kann die Kugel möglicherweise jedoch eine Verformung erfahren, und zwar – das ist wichtig – vom ruhenden Inertialsystem K aus beurteilt. In der oben eingeführten Notation lautet diese Vermutung beispielsweise in Bezug auf ihren Durchmesser in irgendeiner gegebenen Richtung wie folgt (der Zusatz „Durchmesser ... in gegebene Richtung" wird als „D. ... igR" abgekürzt):

$$M(D \textbf{ ruhende } Kugel\ igR;\ K;\ LE) \neq M(D \textbf{ bewegte } Kugel\ igR;\ K;\ LE)$$

Vom mitbewegten Inertialsystem K′ aus beurteilt muss die Kugel dagegen aufgrund des Relativitätsprinzips kugelförmig sein mit denselben Maßzahlen relativ zu K′, die sie zuvor im Ruhezustand relativ zum Ruhesystem K hatte:

$$M(D \textbf{ ruhende } Kugel\ igR;\ \textbf{K};\ \textbf{LE}) = M(D \textbf{ bewegte } Kugel\ igR;\ \textbf{K′};\ \textbf{LE′})$$

Ebenso muss aufgrund des Relativitätsprinzips die bewegte Kugel vom ruhenden System aus so aussehen, wie die ruhende Kugel vom bewegten System aus:[14]

$$M(D \textbf{ bewegte } Kugel\ igR;\ \textbf{K};\ \textbf{LE}) = M(D \textbf{ ruhende } Kugel\ igR;\ \textbf{K′};\ \textbf{LE′})$$

---

[14] Auch die Isotropie des Raums fließt hier mit ein: Mit einem Relativitätsprinzip wäre es vielleicht noch vereinbar, wenn beispielsweise Bewegungen nach rechts (v > 0) zu einer Verkleinerung und Bewegungen in Gegenrichtung nach links (v < 0) zu einer entsprechenden Vergrößerung der Objekte führen würden; die Richtungsumkehr der Bewegung muss aber aufgrund der Symmetrie der Anordnung und der Isotropie des Raums ohne Auswirkungen sein.

https://doi.org/10.1515/9783110737455-012

Hier tritt also zum ersten Mal die Präzisierung der Betrachtung auf, soweit es um Messvorgänge von Längen oder Zeiten geht. Denn bei solchen Messvorgängen muss man genau angeben bzw. darauf achten, mit welchen Referenzen verglichen wird. Konkret: Mit Maßstäben bzw. Uhren aus dem ruhenden System K oder mit Maßstäben bzw. Uhren aus dem mitbewegten System K'?

Die bewegte Kugel kann wie gesagt vom Ruhesystem K aus betrachtet bzw. vermessen grundsätzlich eine Formänderung erfahren. Die Formänderung muss allerdings die Symmetrie des Versuchsaufbaus und die Isotropie des Raums beachten, was bedeutet, dass sie nicht willkürlich irgendeine Raumrichtung vor anderen Raumrichtungen bevorzugen oder auszeichnen darf. Dabei wird durch die Bewegung, die nach Voraussetzung in x-Richtung erfolgen soll, diese spezielle Raumrichtung qua Versuchsaufbau vom Experimentator ausgezeichnet. Es ist daher mit der Isotropie des Raums vereinbar, wenn in dieser x-Richtung Besonderheiten bei der Verformung auftreten. Alle anderen Raumrichtungen sind jedoch im Versuchsaufbau völlig gleichwertig und dürfen daher auch bei Ende des Versuchs, also bei der in Bewegung gesetzten Kugel, nicht ausgezeichnet sein. Der langen Rede kurzer Sinn ist, dass die Kugel zwar eine Formänderung erfahren kann, diese jedoch zu einer um die x-Richtung rotationssymmetrischen Form führen muss, da der gesamte Versuchsaufbau um die x-Richtung rotationssymmetrisch ist (Abb. 12.1).

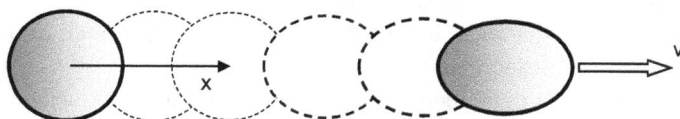

Abb. 12.1: Mögliche Veränderungen einer Kugel, die in x-Richtung in gleichförmige Bewegung mit Geschwindigkeit v versetzt wird. Man beachte, dass diese Veränderung nur vom Ruhesystem K aus beobachtet wird, nicht dagegen in dem mitbewegten System K', in dem die bewegte Kugel ruht.

Einschub: Symmetrie und Symmetriebrechung

Vorstehend wurde mit einer Symmetrie des Versuchsaufbaus argumentiert, die sich zusammen mit der Isotropie des Raums auf das Ergebnis eines Versuchs auswirken muss. Aufgrund der großen Bedeutung dieses Gedankengangs sei er noch einmal anhand eines einfachen Beispiels erläutert. In dem Beispiel ruht ein ideal kugelförmiger Körper auf einer ideal rotationssymmetrischen Spitze im Schwerefeld der Erde (Abb. 12.2). Die gesamte Situation ist also rotationsymmetrisch um die vertikale Achse. Würde man einen Moment nicht hinschauen und jemand anderes würde den Versuchsaufbau um die vertikale Achse verdrehen, so würde man dies nicht bemerken, wenn man wieder hinschaut. Man kann nun folgende Überlegung anstellen: Die Kugel kann aus Symmetriegründen nicht von der Spitze herunterrollen, denn in welche

Richtung sollte sie dies tun, ohne die Symmetrie des Versuchsaufbaus zu verletzen? Es gibt nach Voraussetzung keinen Einfluss, der die Kugel in eine bestimmte Richtung drängen oder eine bestimmte Richtung bevorzugen würde. Und der Raum selbst übt aufgrund seiner Isotropie auch keinen solchen Einfluss aus.

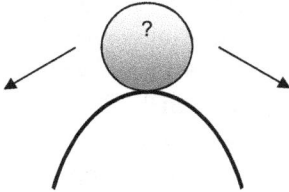

Abb. 12.2: Um in eine bestimmte Richtung zu rollen, muss die Kugel auf der Spitze die Rotationssymmetrie der Ausgangssituation brechen.

Bei der praktischen Durchführung des Versuchs würde man sicherlich schnell feststellen, dass die Kugel doch in der einen oder anderen Richtung von der Spitze herunterrollt. Es kommt somit zu einer sogenannten **Symmetriebrechung**, d. h. die anfänglich symmetrische Situation wird zerstört und es entsteht eine unsymmetrische Situation, in der eine bestimmte Richtung (des Abrollens der Kugel) ausgezeichnet ist. Dies liegt allerdings daran, dass keine idealen Anfangsbedingungen eingehalten werden konnten, denn eine ideale Kugelform oder rotationssymmetrische Spitze gibt es in der Praxis nicht. Des Weiteren finden in der Praxis ständig auf mikroskopischer Ebene thermische Bewegungen statt, die die Kugel in eine bestimmte Richtung stoßen und somit die (makroskopische) Symmetriebrechung verursachen können.

In diesem Sinn könnte auch bei dem oben betrachteten In-Bewegung-Versetzen einer Kugel eine Symmetriebrechung stattfinden und die Kugel beispielsweise eine Beule in y-Richtung oder irgendeiner anderen zufälligen Raumrichtung bekommen. Darauf lässt sich zweierlei entgegnen: Zum einen kann man auf streng idealen Bedingungen beharren und nur hieraus Schlussfolgerungen ziehen. Zum anderen kann man schlichtweg darauf verweisen, dass in Experimenten solche Beulen nicht beobachtet werden.

Bewegung eines Maßstabs senkrecht zu seiner Erstreckung

Zurück zur Frage der Längenmessung von verschiedenen Inertialsystemen aus. Aus Symmetrieüberlegungen an einer Kugel war geschlossen worden, dass eine bewegte Kugel allenfalls eine um die Bewegungsrichtung (x-Richtung) rotationssymmetrische Verformung erfahren kann.

Für einen Einheitsmaßstab LE, der in einer zur Bewegungsrichtung senkrechten Richtung angeordnet ist (beispielsweise in z-Richtung), kann man analog folgende Überlegungen anstellen (Abb. 12.3):

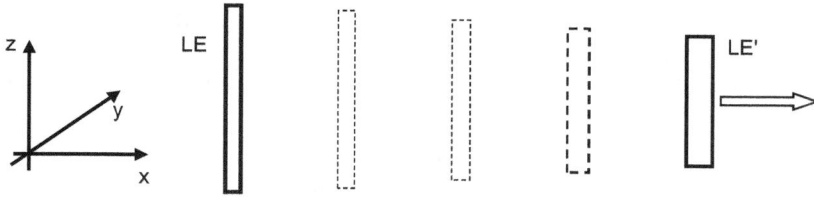

Abb. 12.3: Mögliche Veränderungen eines Einheitsmaßstabs LE, der in x-Richtung in gleichförmige Bewegung versetzt wird.

Der Versuchsaufbau ist zwar nicht rotationssymmetrisch, aber zumindest spiegelsymmetrisch zur xy-Ebene und zur xz-Ebene[15]. Diese Symmetrie muss erhalten bleiben, wenn der Einheitsmaßstab LE in x-Richtung in Bewegung gesetzt wird. Der Maßstab kann daher allenfalls in die x-Richtung der Bewegung eine Längenänderung (Kontraktion oder Streckung) sowie in den y- und z-Richtungen senkrecht hierzu eine andere Längenänderung (Kontraktion oder Streckung) erfahren. Andere Formveränderungen oder beispielsweise eine Rotation um die x-Achse oder eine Schrägstellung zur x-Achse wären mit der Symmetrie der Versuchsanordnung nicht vereinbar.

Eine Längenänderung in einer Richtung quer zur Bewegung, z. B. der z-Richtung, kann man jedoch aufgrund des Relativitätsprinzips ausschließen. An den Enden eines ruhenden und eines bewegten Maßstabs könnte man nämlich Stifte anbringen und ihren Weg während der Bewegung kontinuierlich auf einem Blatt Papier aufmalen. Die Aufzeichnungen vom bewegten Maßstab LE′ würden dann über den ruhenden Einheitsmaßstab LE verlaufen und Striche produzieren, die beispielsweise kürzer (oder weiter) als dessen Länge auseinanderliegen (Abb. 12.4). Umgekehrt würde eine vom ruhenden Maßstab LE im bewegten System aufgezeichnete Strichspur weiter (oder we-

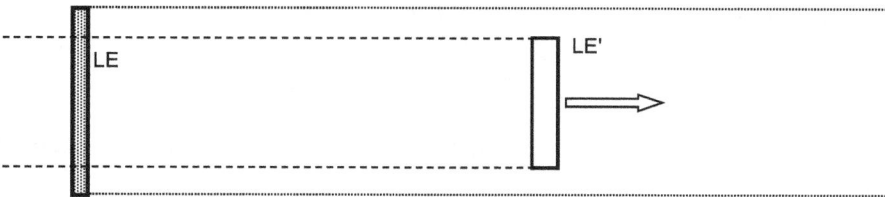

Abb. 12.4: Von den Maßstäben aufgezeichnete Strichspuren, falls eine Kontraktion in z-Richtung stattfinden würde. Ein quer zur Bewegungsrichtung verkürzter Maßstab LE′ würde beispielsweise zwischen den Enden des ruhenden Maßstabs LE Strichspuren hinterlassen, die im Widerspruch zum Relativitätsprinzip Ruhe und Bewegung unterscheidbar machen würden. Mit dem Relativitätsprinzip vereinbar ist nur, dass die Maßstäbe in Querrichtung keine Längenänderung erfahren.

---

15 Bezüglich der yz-Ebene liegt keine Spiegelsymmetrie vor, da die Geschwindigkeit v bei der Spiegelung ihre Richtung ändern würde.

niger weit) auseinanderliegen als der bewegte Maßstab LE′. Im Ergebnis wäre somit eine unsymmetrische Situation entstanden, bei der sich in Widerspruch zum Relativitätsprinzip Ruhe und Bewegung durch ein Experiment voneinander unterscheiden ließen.

Ein Rückgriff auf das Relativitätsprinzip ließe sich an dieser Stelle vermeiden, wenn man die fehlende Längenänderung quer zur Bewegungsrichtung schlichtweg als experimentell bestätigtes Faktum einführt.

Der sehr umständlich erscheinende Weg über einen Vergleich mit Strichspuren ist erforderlich, um Probleme der Gleichzeitigkeit beim Längenvergleich vom ruhenden und bewegten Maßstab zu vermeiden; die Striche erlauben quasi einen zeitlosen Längenvergleich.

Der in Querrichtung ausgerichtete bewegte Einheitsmaßstab LE′ hat also vom ruhenden System aus betrachtet dieselbe Länge wie der ruhende Einheitsmaßstab LE. Mit anderen Worten werden Längenmessungen in Querrichtung zu einer Bewegung dieselben Maßzahlen liefern, ganz gleich ob man sie mit einem ruhenden Einheitsmaßstab oder einem bewegten Einheitsmaßstab vornimmt. In obiger Notion heißt das:

$$M(\text{Objektdurchmesser quer zu seiner Bewegungsrichtung; K; LE})$$

$$= M(\dots; K; LE')$$

$$= M(\dots; K'; LE)$$

$$= M(\dots; K'; LE')$$

Das letzte Gleichheitszeichen gilt dabei aufgrund des Relativitätsprinzips, gemäß dem die Objekte in ihrem jeweiligen Ruhesystem K bzw. K′ dieselbe systembezogene Größe haben müssen.

Die für den Einheitsmaßstab aus der Symmetrie der Versuchsanordnung, der Isotropie des Raums und dem Relativitätsprinzip gewonnenen Einsichten lassen sich dahingehend verallgemeinern, dass jeder beliebige gleichförmig bewegte Körper vom ruhenden System K aus betrachtet keine Längenänderung in den Querrichtungen zur Bewegungsrichtung erfährt. Täte er dies, so könnte man es nämlich durch einen Vergleich mit dem unveränderten mitbewegten Einheitsmaßstab LE′ feststellen und dadurch wieder Ruhe von Bewegung unterscheidbar machen (Widerspruch zum Relativitätsprinzip).[16]

Diese Erkenntnis kann auch auf ein aus Maßstäben aufgebautes kartesisches Koordinatensystem angewendet werden (Abb. 12.5). Betrachtet man zwei baugleiche und mit den Achsen parallel ausgerichtete Koordinatensysteme K und K′ und versetzt eines hiervon (K′) in gleichförmige Bewegung in x-Richtung, so müssen nach obigen

---

16 Letzte logische Strenge kann diese Beweisführung wohl nicht beanspruchen, denn wenn man den mitbewegten Einheitsmaßstab LE′ an den beliebigen Körper hält, wird die spiegelbildliche Symmetrie des Einheitsmaßstabs zerstört und daher den obigen für einen isolierten Einheitsmaßstab vorgenommenen Betrachtungen eigentlich die Grundlage entzogen.

Überlegungen aufgrund der Isotropie des Raums und des Relativitätsprinzips die y-
und z-Achse des bewegten Systems K′ parallel zur y- und z-Achse des ruhenden Systems K bleiben (keine Kipprichtung ist im Raum ausgezeichnet), und sie dürfen auch
nicht in sich eine Längenänderung durch Kontraktion oder Streckung erfahren. Aufgrund der Isotropie des Raums müssen ferner die ruhende x-Achse und die bewegte
x′-Achse parallel zueinander bleiben. Über eine eventuelle Längenänderung des Ein-
heitsmaßes LE in der x-Richtung lässt sich momentan jedoch noch nichts aussagen.

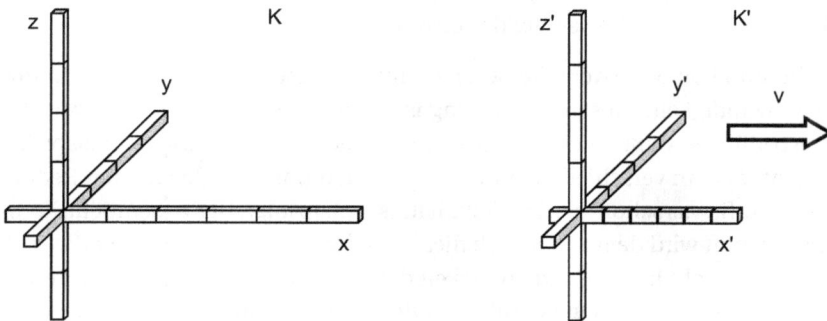

Abb. 12.5: Koordinatensysteme in Ruhe (K) und Bewegung (K′): Nur die x′-Achse in Bewegungsrichtung kann sich verändern.

13 Unabhängigkeit der Lichtausbreitung von der Lichtquelle

Um den Vergleich eines ruhenden Bezugssystems K mit einem bewegten Bezugssystem K' weiterführen zu können, muss neben dem Relativitätsprinzip eine weitere fundamentale Eigenschaft der Natur verwendet werden. Diese lautet:

„Autonomie der Lichtgeschwindigkeit": Die Ausbreitung des Lichts im Vakuum erfolgt unabhängig von einer Bewegung der Lichtquelle.

Die in der Literatur häufig verwendete Bezeichnung für dieses Prinzip lautet Konstanz der Lichtgeschwindigkeit. Diese Bezeichnung ist jedoch etwas irreführend bzw. sehr erläuterungsbedürftig. Denn auch die Schallgeschwindigkeit in Wasser ist beispielsweise konstant, d. h. in verschiedenen Inertialsystemen unter vergleichbaren Bedingungen gleich groß, was schon aus dem Relativitätsprinzip folgt. Der wesentliche Kern der Lichteigenschaft wird demnach durch diese Bezeichnung nicht treffend erfasst.

Dieser Kern besteht in der Unabhängigkeit der Lichtausbreitung von einer Bewegung der Lichtquelle, was in dem Begriff der Autonomie zum Ausdruck gebracht werden soll.

Diese Autonomie kann wie folgt experimentell (zumindest im Gedankenexperiment) überprüft werden: Man betrachte gemäß Abb. 13.1 eine ruhende und eine bewegte Lichtquelle, die in dem Moment, in dem sie sich (in etwa) am selben Ort befinden, beide eine Lichtwelle aussenden. Man beobachtet dann experimentell, dass die beiden Lichtwellen bzw. ihre Fronten bei ihrer Ausbreitung im Raum jederzeit gleichauf liegen, unabhängig davon, dass sich die Lichtquelle der einen Welle bei der Emission bewegt hat.

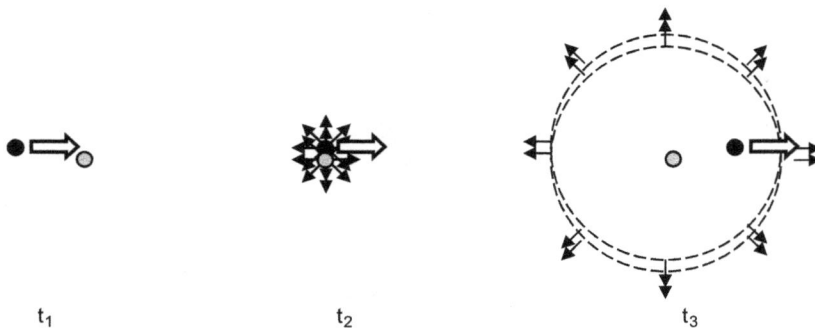

t_1 $\qquad\qquad\qquad$ t_2 $\qquad\qquad\qquad$ t_3

Abb. 13.1: Eine bewegte Lichtquelle (oben, schwarz) und eine ruhende Lichtquelle (unten, grau) senden zur Zeit t_2 vom (fast) selben Raumpunkt Licht aus, das sich danach gleichartig durch den leeren Raum ausbreitet. Die Lichtquellen sind nur aus darstellerischen Gründen leicht versetzt gezeichnet.

https://doi.org/10.1515/9783110737455-013

Man beachte in diesem Zusammenhang, dass diese Autonomie der Lichtausbreitung ganz elementar anhand von Ereignissen und lokaler Gleichzeitigkeit beobachtbar ist, ohne dass man im Raum synchronisierte Uhren benötigt. Denn das Aussenden der beiden Lichtwellen findet vom selben Raumpunkt aus statt, ebenso wie der Vergleich des Gleichaufliegens bei der weiteren Lichtausbreitung. Auch Maßstäbe braucht man für diese fundamentale Beobachtung nicht, es reicht der Vergleich lokaler Gleichzeitigkeit von Ereignissen.

Die Lichtautonomie spricht gegen ein Modell, gemäß dem Licht sich von der Lichtquelle aus so wie eine Pistolenkugel von der Pistole aus ausbreitet, denn dann würde sich die Geschwindigkeit der Lichtquelle (als Pistole) zur Geschwindigkeit des Lichts hinzuaddieren. Passender erscheint dagegen ein Modell, bei dem Licht durch in einem umgebenden Träger erzeugte Wellen beschrieben wird, wobei jedoch bekanntermaßen die Vorstellung eines Äther genannten Trägermediums historisch gesehen gerade mit der Speziellen Relativitätstheorie beendet wurde (oder, wie Wolfgang Pauli festgestellt hat, von der Äthertheorie nur dieses eine wesentliche Merkmal überlebt hat[17]).

Die Autonomie der Lichtausbreitung ist neben dem Relativitätsprinzip das zweite Standbein, auf dem Einstein seine Spezielle Relativitätstheorie aufgebaut hat. Andere, äquivalente oder allgemeinere Grundbausteine wären an dieser Stelle auch möglich, beispielsweise die Annahme, dass es in jedem Inertialsystem eine maximale, nicht überschreitbare Grenzgeschwindigkeit gibt (die dann aufgrund des Relativitätsprinzips in allen Inertialsystem den gleichen Wert haben müsste und sich experimentell als die Lichtgeschwindigkeit herausstellt).

Die Autonomie der Lichtausbreitung ermöglicht im Folgenden Vergleiche zwischen einem ruhenden und einem bewegten Inertialsystem, da sie ja gerade vom Bewegungszustand unabhängig (autonom) ist. Anders ausgedrückt heißt das, dass sich die Lichtausbreitung von einer in einem ersten Inertialsystem K ruhenden Lichtquelle nicht unterscheiden darf von der Lichtausbreitung einer bewegten Lichtquelle, die in einem zweiten Inertialsystem K' ruht. Andererseits gilt für die beiden Lichtausbreitungen auch das Relativitätsprinzip, d. h. auch bezogen auf ihr jeweiliges Inertialsystem müssen gleichartige Ergebnisse gewonnen werden.

---

17 Aufsatz „Relativitätstheorie" von Wolfgang Pauli in *Encyklopädie der Mathematischen Wissenschaften*, 1921. Das letzte Wort bezüglich eines Trägermediums (Vakuum) ist jedoch vermutlich noch nicht gesprochen, vgl. Grit Kalies, „Vom Energiegehalt ruhender Körper", de Gruyter 2019.

14 Gangzeiten von ruhenden und bewegten Lichtuhren

Lichtuhr senkrecht zur Bewegung

Die im Folgenden untersuchte Fragestellung lautet, wie der Gang einer Lichtuhr davon abhängt, ob sich diese im Zustand der Ruhe (in einem ruhenden Inertialsystem K) oder im Zustand der Bewegung (d. h. ruhend in einem mitbewegten Inertialsystem K′) befindet.

Da sich die bewegte Uhr geradlinig gleichförmig immer weiter bewegt, ist es von vornherein hoffnungslos zu versuchen, irgendwie den Gang einer ruhenden und einer bewegten Uhr am selben Ort zu vergleichen. Auf diese Weise kann man nur zwei Zeitpunkte vergleichen, aber keine ausgedehnten Zeitintervalle, dafür hält eine der Uhren eben nicht still. Dagegen ist es möglich, mehrere miteinander synchronisierte und voneinander beabstandete ruhende Uhren zu verwenden und deren Anzeige mit der Anzeige einer an ihnen vorbeifliegenden bewegten Uhr zu vergleichen. Die Verwendung der Synchronisation bedeutet dabei dann zwingenderweise, dass man sich auf ein bestimmtes Inertialsystem K (oder K′) und ein bestimmtes Synchronisationsverfahren bezieht.

Als ruhende Uhren U_1, U_2, U_3 und bewegte Uhr U′ werden im Folgenden baugleiche (!) Lichtuhren vorausgesetzt, bei denen sich das Lichtsignal in y-Richtung senkrecht zur Bewegungsrichtung der bewegten Uhr U′ (diese sei wieder die x-Richtung) ausbreitet. Ferner sollen sich die Spiegel der Lichtuhren jeweils im Abstand d voneinander befinden (Abb. 14.1).

Die oben eingeführte Notation ergibt für den Spiegelabstand der ruhenden Lichtuhren U_i:

$$M(\text{Spiegelabstand } U_i; K; LE) = Z_d \, .$$

wobei LE der Längeneinheitsmaßstab im ruhenden System K und $d = Z_d \cdot LE$ ist.

Die bewegte Lichtuhr U′ hat, bezogen auf ihr bewegtes System K′ und den dortigen bewegten Einheitsmaßstab LE′, entsprechend die Maßzahl Z'_d:

$$M(\text{Spiegelabstand } U'; K'; LE') = Z'_d \, .$$

Da die ruhenden Uhren U_i und die bewegte Uhr U′ baugleich sein sollen, ist der Spiegelabstand in beiden Systemen das gleiche Vielfache des jeweiligen Einheitsmaßstabes, also

$$Z_d = Z'_d.$$

Des Weiteren wurde oben aus Homogenität und Isotropie von Raum und Zeit sowie dem Relativitätsprinzip abgeleitet, dass sich die Länge von Objekten senkrecht zu ihrer Bewegungsrichtung nicht ändert. Mithin haben die Spiegel der Lichtuhren

https://doi.org/10.1515/9783110737455-014

nicht nur bezogen auf den jeweiligen Einheitsmaßstab LE bzw. LE′ gleiche Abstandsmaßzahl, sondern auch „in Wirklichkeit" gleichen Abstand bei einem direkten Vergleich (s. obige Überlegungen mit der Aufzeichnungen von Strichspuren). Diese Konstanz des Abstands in y-Richtung ist der Grund, warum man die spezielle Ausrichtung der Lichtuhren in dieser Richtung betrachtet (eine eventuelle Längenveränderung der Spiegel in Bewegungsrichtung x kann derzeit nicht ausgeschlossen werden, ist aber für den Gang der Uhr irrelevant). Insbesondere gilt:

$$M(\text{Spiegelabstand } U'; K; LE) = Z_d$$

Diese Formel enthält die Messung einer bewegten Größe (Spiegelabstand U′) ausgehend von einem ruhenden System (K) mit einem ruhenden Maßstab (LE) und bedarf daher besonderer Sorgfalt in ihrer Anwendung. Insbesondere ist die Formel wie erläutert nur für einen Spiegelabstand senkrecht zur Bewegungsrichtung zutreffend.

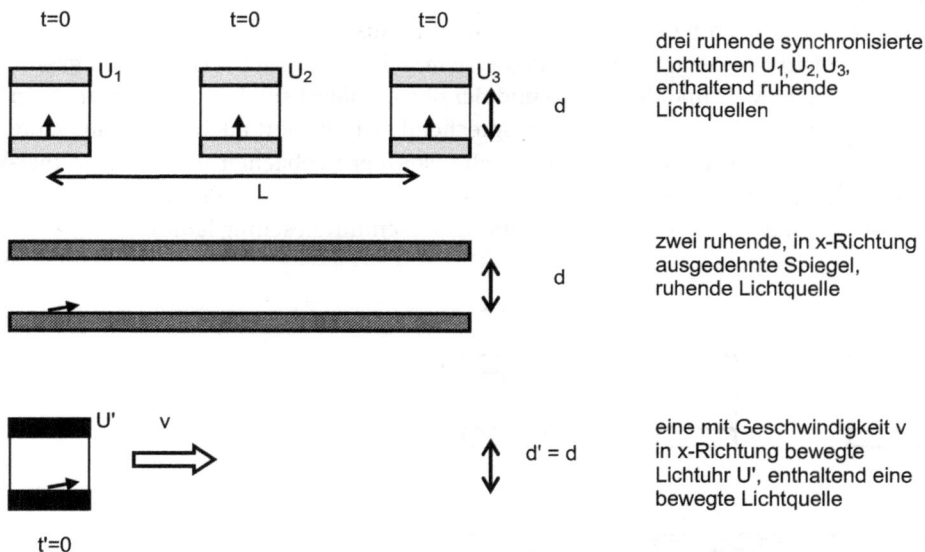

Abb. 14.1: Erster Schritt: Die Anzeige von drei ruhenden Lichtuhren U_1, U_2, U_3 wird mit der Anzeige einer baugleichen bewegten Lichtuhr U′ verglichen. Im ersten Schritt ist die bewegte Uhr U′ am selben Ort wie die am weitesten links befindliche ruhende Uhr U_1 (zeichnerisch allerdings mit vertikalem Abstand dargestellt), und beide Uhren senden jeweils vom unteren Spiegel ein Lichtsignal aus. Dieser Zeitpunkt sei als t = 0 im ruhenden System und t′ = 0 im bewegten System definiert. Im ruhenden System senden alle drei miteinander synchronisierten Uhren U_i ihr Lichtsignal bei t = 0 aus. Bei der Konstruktion aus zwei langen Spiegeln in der Mitte der Zeichnung zeigt das Lichtsignal dasselbe Verhalten wie bei der bewegten Uhr U′, basiert allerdings auf ruhenden Spiegeln und einer ruhenden Lichtquelle.

Zurück zum Vergleich der Lichtuhren. In den Erläuterungsskizzen zu drei Schritten des Vergleichs (Abb. 14.1, 14.2, 14.3) sind entlang der Bewegungsrichtung x der bewegten Uhr U′ drei miteinander synchronisierte ruhende Lichtuhren U_1, U_2, U_3 (gleicher Bauart) aufgestellt. Ferner zeigen die Zeichnungen die Situation jeweils in einem globalen Zeitpunkt bezogen auf das ruhende System K. Im ersten Schritt (Abb. 14.1) senden demnach alle ruhenden Lichtuhren U_i vom unteren Spiegel ein Lichtsignal gerade in y-Richtung zum oberen Spiegel. Die mit der Geschwindigkeit v in x-Richtung bewegte Lichtuhr U′, deren Gangzeit nachgemessen werden soll, befindet sich in diesem Moment auf der Höhe der ersten ruhenden Lichtuhr (so dicht wie möglich; idealerweise würden sich beide am selben Raumpunkt befinden, was natürlich nur näherungsweise möglich ist). Genau in diesem Zeitpunkt (der sowohl im ruhenden Inertialsystem K als auch im bewegten Inertialsystem als Zeitpunkt 0 definiert sei, t = t′ = 0) wird auch von ihrem unteren Spiegel ein Lichtsignal in Richtung des oberen Spiegels ausgesendet. Dieses Lichtsignal verläuft vom ruhenden System aus gesehen allerdings schräg, denn es muss den bewegten oberen Spiegel treffen, der nach rechts weiterwandert. Vom bewegten Inertialsystem K′ aus merkt man von einem solchen Schrägverlauf allerdings nichts, da das System sich ja mit gleicher Geschwindigkeit v nach rechts bewegt und der untere und der obere Spiegel somit immer senkrecht in y′-Richtung übereinander stehen. Entsprechend sieht es dort auch so aus, als laufe das Lichtsignal senkrecht von unten nach oben (der Beobachter im bewegten Inertialsystem K′ wird dagegen sagen, dass sich das ruhende Inertialsystem K von ihm fortbewegt und der Lichtstrahl in den dortigen Lichtuhren schräg laufe).

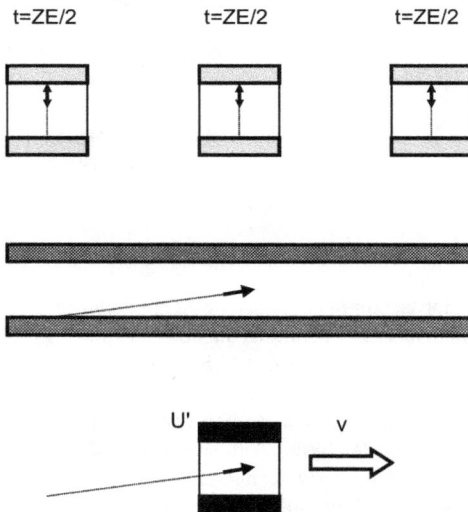

Abb. 14.2: Zweiter Schritt: Das Lichtsignal der ruhenden Uhren erreicht den oberen Spiegel und wird dort reflektiert, sodass definitionsgemäß eine halbe Zeiteinheit ZE/2 des ruhenden Systems vergangen ist.

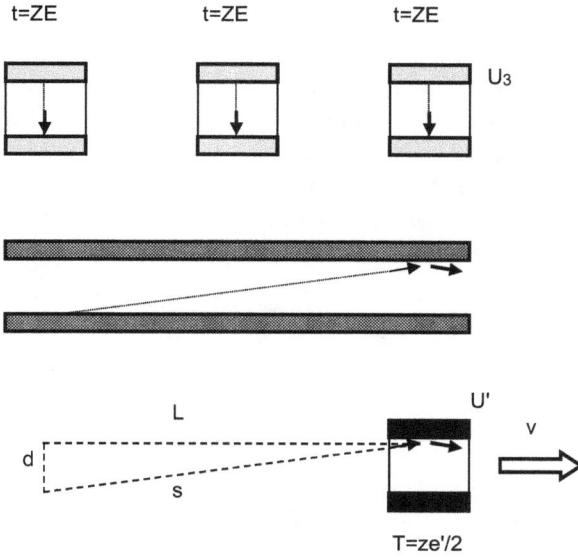

Abb. 14.3: Dritter Schritt: Das Lichtsignal der bewegten Uhr U′ erreicht den oberen Spiegel, sodass definitionsgemäß eine halbe Zeiteinheit ze′/2 des bewegten Systems vergangen ist. Das Lichtsignal der am weitesten rechts befindlichen ruhenden Uhr U_3 erreicht dagegen (so ist in diesem Beispiel die Geschwindigkeit v gewählt) zum ersten Mal wieder den unteren Spiegel, sodass definitionsgemäß eine ganze Zeiteinheit ZE des ruhenden Systems vergangen ist. Man könnte dieses Experiment noch weiter laufen lassen, bis das Lichtsignal der bewegten Lichtuhr U′ wieder den unteren Spiegel erreicht. Bereits jetzt kennt man jedoch das Ergebnis des in K basierten Zeiteinheitenvergleichs: ZE = ze′/2.

Für die weiteren Überlegungen ist die Autonomie der Lichtausbreitung essenziell. Denn danach breiten sich Lichtsignale unabhängig davon aus, dass sie laut Versuchsaufbau einerseits von einer ruhenden und andererseits von einer bewegten Lichtquelle ausgesandt wurden. Insbesondere kann der Verlauf des Lichtsignals in der bewegten Lichtuhr U′ auch vom ruhenden System K aus analysiert werden unter Zugrundelegung eines dort von einer ruhenden Lichtquelle ausgesandten Signals. In den Zeichnungen sind diesbezüglich in der Mitte zusätzlich ein unterer und ein oberer Spiegel dargestellt, die in x-Richtung ausgedehnt sind und in y-Richtung ebenfalls den Abstand d = M(y-Spiegelabstand, K, LE) · LE haben. Das im ruhenden System K schräg vom ruhenden unteren zum ruhenden oberen Spiegel wandernde Lichtsignal liegt immer gleichauf mit dem Lichtsignal, das im bewegten System vom bewegten unteren Spiegel (und einer bewegten Lichtquelle) zum mitbewegten oberen Spiegel läuft. Grund für diesen Gleichschritt ist wie erläutert die Autonomie der Lichtausbreitung.

Ein ganzer Einheitszeitabstand[18] ze′ an der bewegten Lichtuhr U′ dauert definitionsgemäß vom Aussenden des Lichtsignals am unteren Spiegel über dessen Reflexion am oberen Spiegel bis zu seinem Wiedereintreffen am unteren Spiegel. Ein halber Einheitszeitabstand ze′/2 an der bewegten Lichtuhr U′ ist verstrichen, wenn das Lichtsignal den oberen Spiegel erreicht. In den Zeichnungen ist die Bewegungsgeschwindigkeit v der bewegten Lichtuhr gerade so gewählt, dass die Lichtsignale der ruhenden Lichtuhren U_i die unteren Spiegel wieder erreichen, wenn das Lichtsignal der bewegten Lichtuhr U′ den oberen Spiegel trifft (der Abbruch der Betrachtung an dieser Stelle ist Platzgründen in der Darstellung geschuldet). Eine halbe bewegte Zeiteinheit ze′/2 dauert hier also genauso lang wie eine komplette ruhende Zeiteinheit ZE, d. h. ze′/2 = ZE.

γ-Faktor

Die genau halbe Größe der bewegten Zeiteinheit ze′ relativ zur ruhenden Zeiteinheit ZE ist in der Illustration einer speziellen Wahl der Geschwindigkeit v zu verdanken. Um für jede beliebige Geschwindigkeit v das Verhältnis zwischen ruhender Zeiteinheit ZE und bewegter Zeiteinheit ze′ zu ermitteln, muss folgende Betrachtung angestellt werden (Abb. 14.3):

–   Die bewegte Lichtuhr U′ legt zwischen dem Aussenden des Lichtsignals am unteren Spiegel und dessen Eintreffen am oberen Spiegel in x-Richtung den Weg L zurück, wobei dessen Größe wie folgt definiert ist:

$$L = M(\text{zurückgelegter Weg von } U'; K; LE) \cdot LE .$$

Die Multiplikation mit der Längeneinheit LE erfolgt hier, damit L eine dimensionsbehaftete Größe (z. B. in der Einheit Meter) ist und keine reine Zahl. Ähnliches gilt für die folgenden Formeln.

–   Die Weglänge L wird also im ruhenden System K mit ruhenden Einheitsmaßstäben LE in x-Richtung gemessen. Ebenso wird die Geschwindigkeit v, mit der die bewegte Lichtuhr U′ und das bewegte System K′ in x-Richtung laufen, im ruhenden System K basierend auf dessen Längeneinheit LE und Zeiteinheit ZE gemessen:

$$v = M(\text{Geschwindigkeit von } U'; K; LE/ZE) \cdot LE/ZE .$$

–   Des Weiteren liegt zwischen dem Aussenden des Lichtsignals am unteren Spiegel der bewegten Uhr U′ und dessen Eintreffen am oberen Spiegel derselben Uhr U′

---

18 Die Schreibweise in Kleinbuchstaben soll darauf hinweisen, dass diese Zeitdauer vom ruhenden System K aus beurteilt wird:

ze′ = M(Zeitabstand Aussenden unten / Wiedereintreffen unten auf U′; K; ZE) · ZE .

definitionsgemäß[19] im System K ein Zeitabstand T von einer halben Zeiteinheit ze′ des bewegten Systems K′:

$$T = M(\text{Zeitabstand Aussenden unten / Eintreffen oben auf U′; K; ZE}) \cdot ZE$$
$$= ze′/2 \, . \tag{14.1}$$

– Man definiert nun den (hier letztendlich gesuchten) Umrechnungsfaktor γ zwischen ruhender Zeiteinheit ZE und bewegter Zeiteinheit ze′ wie folgt:

$$\gamma = M(\text{Gangdauer einer bewegten Uhr U′; K; ZE}) = ze′/ZE \tag{14.2}$$

Mit der Definition von γ ergibt sich aus Gl. (14.1)

$$T = \frac{ze′}{2} = \gamma \cdot \frac{ZE}{2} \tag{14.3}$$

Bei den nachfolgenden Rechnungen bezieht sich alles auf das ruhende System K und dessen ruhende Längeneinheit LE bzw. Zeiteinheit ZE. Daher sei darauf verzichtet, die vorgenommenen Berechnungen in der eingeführten Notation aufzuschreiben (sie würde immer gleichlautend M(…; K; LE, ZE) heißen).

– Die Geschwindigkeit v der bewegten Lichtuhr U′ ergibt sich als der Quotient der zurückgelegten Strecke L und der dafür benötigten Zeit T:

$$v = \frac{L}{T} \, . \tag{14.4}$$

– Nach dem Satz des Pythagoras beträgt die vom Lichtsignal der bewegten Lichtuhr U′ zurückgelegte Strecke s, gemessen vom ruhenden System K aus[20]:

$$s^2 = L^2 + d^2 \, . \tag{14.5}$$

– Andererseits ist diese zurückgelegte Strecke s gleich dem Produkt aus Lichtgeschwindigkeit c und Zeitabstand T zwischen Aussenden des Lichtsignals am unteren bewegten Spiegel und Eintreffen am oberen bewegten Spiegel, wobei gemäß der Übertragung auf die in den Zeichnungen mittleren Spiegel alle Größen im ruhenden System K mit ruhenden Maßstäben LE, ZE erfasst werden können:

$$s = c \cdot T \, . \tag{14.6}$$

– Des Weiteren besteht zwischen dem Spiegelabstand d einer ruhenden Uhr U_i, der Lichtgeschwindigkeit c sowie der Zeiteinheit ZE im ruhenden System der Zusammenhang

$$d = c \cdot \frac{ZE}{2} \, . \tag{14.7}$$

---

19 Der Lichtweg vom unteren zum oberen Spiegel der bewegten Uhr U′ definiert die halbe Zeiteinheit im bewegten System.

20 In ausführlicher Notation: s = M(Strecke; K; LE) · LE.

– Aus Gl. (14.6) und Gl. (14.5) folgt

$$s^2 = (c \cdot T)^2 = L^2 + d^2$$

und weiter mit Gl. (14.4) und Gl. (14.7):

$$(c \cdot T)^2 = (v \cdot T)^2 + \left(c \cdot \frac{ZE}{2} \right)^2 .$$

Ersetzen von T aus Gl. (14.3) ergibt

$$\left(c \cdot \gamma \cdot \frac{ZE}{2} \right)^2 = \left(v \cdot \gamma \cdot \frac{ZE}{2} \right)^2 + \left(c \cdot \frac{ZE}{2} \right)^2$$

oder, nach kurzer Umrechnung,

$$\gamma = \gamma(v) = \frac{1}{\sqrt{1 - \frac{v^2}{c^2}}} = \frac{ze'}{ZE} . \tag{14.8}$$

Dies ist das gesuchte Ergebnis: Die Gangdauer ze′ einer bewegten Lichtuhr ist, vom ruhenden System aus beurteilt, um den Faktor γ länger[21] als die Gangdauer ZE einer baugleichen ruhenden Lichtuhr, ze′ = γ · ZE.

Der Zusatz „vom ruhenden System aus beurteilt" ist dabei wichtig, denn er beinhaltet die Asymmetrie des vorgenommen Vergleichs: Es werden <u>zwei</u> synchronisierte ruhende Uhren U_1 und U_3 mit <u>einer</u> bewegten Uhr U′ verglichen. Wenn ein Beobachter im bewegten System die Gangzeit ruhender Uhren U mit der Gangzeit seiner Uhren U′ vergleicht, macht er eine andere Art von Messung, nämlich den Vergleich von zwei (in seinem System synchronisierten) bewegten Uhren U_i, mit einer ruhenden Uhr U. Er findet dabei eine Zeitdilatation mit Faktor γ der ruhenden Uhr U gegenüber seinen Uhren, was zunächst paradox erscheint. Für ihn ist jedoch die ruhende Uhr U zur bewegten Uhr und die bewegte Uhr U′ zur ruhenden geworden.[22]

Im obigen Formalismus ausgedrückt misst der ruhende Beobachter

γ = M(Gangdauer einer ihm gegenüber mit v bewegten Uhr U′; K; ZE)

und der bewegte Beobachter

γ = M(Gangdauer einer ihm gegenüber mit –v bewegten Uhr U; K′; ZE′) .

Verallgemeinerung durch das Relativitätsprinzip: Zeitdilatation

Im obigen Szenario stellen beide Beobachter mit ihren systembezogenen Mitteln fest, dass eine relativ zu ihnen bewegte Lichtuhr um den von der Geschwindigkeit v ab-

---

21 Es ist immer γ > 1, da in der Formel eins durch eine Zahl kleiner als eins geteilt wird.

22 Der Wechsel der Geschwindigkeit von v zu (–v) ändert den Faktor γ nicht, da hierin die Geschwindigkeit im Quadrat auftritt.

hängigen Faktor γ langsamer geht. Diese Erkenntnis lässt sich dahingehend fortsetzen, dass sich auch für alle anderen zeitlichen Vorgänge bei einer Bewegung eine Zeitdilatation um den Faktor γ einstellen muss. Denn dauert im ruhenden System K ein Vorgang V die Zahl von x Zeiteinheiten ZE,

$$x = M(V, K, ZE),$$

so muss aufgrund des Relativitätsprinzips der analoge Vorgang V′ im bewegten System K′ ebenfalls x dortige Zeiteinheiten ZE′ dauern:

$$x = M(V', K', ZE') \,.$$

Die Zeitdilatation in der zugrunde liegenden Zeiteinheit ZE′ überträgt sich somit auf den betreffenden Vorgang V′. Die obigen Überlegungen für eine doch sehr spezielle, hypothetische Lichtuhr waren somit der Mühe wert, da aufgrund des mächtigen Relativitätsprinzips die gewonnene Erkenntnis auf alle anderen Uhren und zeitlichen Vorgänge übertragen werden kann[23]:

Zeitdilatation: Die Dauer d′ eines mit Geschwindigkeit v gleichförmig bewegten Vorgangs ist, vom ruhenden System aus beurteilt, um den Faktor γ(v) länger als die Dauer d des aufbaugleichen ruhenden Vorgangs.

Diese Aussage ist von enormer Tiefgründigkeit, besagt sie doch, dass alle Naturvorgänge (Schwingungen einer Feder, Schwingungen im Atom, nukleare Zerfallsvorgänge etc.) nach dem aus der einfachen Lichtuhr abgeleiteten Prinzip verlangsamt werden!

Eine in diesem Zusammenhang oft zitierte Beobachtung betrifft beispielsweise Myonen, die im Ruhezustand eine mittlere Lebensdauer von etwa 2,2 μs haben. Bewegen sie sich jedoch (z. B. nach ihrer Erzeugung aus kosmischer Strahlung in großen Höhen der Atmosphäre) mit etwa 0,9998-facher Lichtgeschwindigkeit, so verlängert sich ihre Lebensdauer um den Faktor

$$\gamma = \frac{1}{\sqrt{1 - 0{,}998^2}} \approx 2500 \,.$$

In der Lichtuhr ist offensichtlich die Bewegung des Lichts der zugrunde liegende Veränderungsvorgang, aus dem das Zeitmaß abgeleitet wird. Da wie erläutert das Zeitmaß anderer Uhren die gleichen Ergebnisse liefert wie die Lichtuhr, kann man spekulieren, dass im Kern allen Naturvorgängen bzw. -veränderungen irgendwie mit Lichtgeschwindigkeit stattfindende Prozesse zugrunde liegen.

---

23 Aus diesem Grund ist es auch berechtigt, von einer Zeitdilatation statt bloß von einer Uhrendilatation zu sprechen, gemäß dem Einsteinschen Motto „Zeit ist das, was man an der Uhr abliest".

15 Längenverhalten in Bewegungsrichtung

Lichtuhr parallel zur Bewegung

Mit den gewonnenen Erkenntnissen über die Zeitdilatation kann nunmehr auch die Frage angegangen werden, wie sich die Länge von Objekten in Bewegungsrichtung verändert. Betrachtet werde dazu eine Erweiterung der obigen Lichtuhr um einen Einheitsmaßstab als Arm, der in Bewegungsrichtung (x-Richtung) orientiert ist und ruhend im System K die Länge LE bzw. bewegt im mitbewegten System K' die Länge LE' hat (Abb. 15.1):

$$M(\text{ruhender Arm; K; LE}) \cdot LE = 1 \cdot LE \,,$$

$$M(\text{bewegter Arm; K'; LE'}) \cdot LE' = 1 \cdot LE' \,.$$

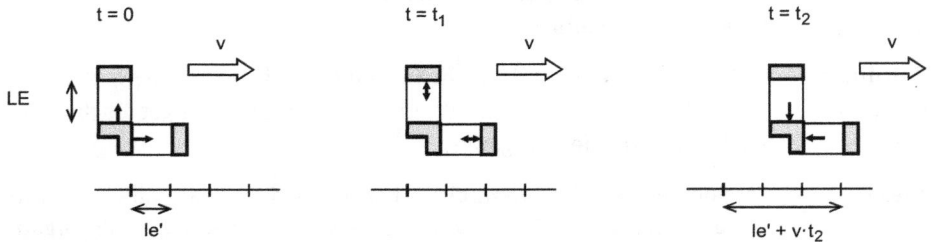

Abb. 15.1: Zwei baugleiche, einerseits horizontal in Bewegungsrichtung und andererseits vertikal dazu ausgerichtete Lichtuhren bewegen sich mit der Geschwindigkeit v nach rechts in x-Richtung. Die gleichzeitig ausgesandten Lichtsignale müssen gleichzeitig wieder am Ausgangsort eintreffen (bei ruhenden Lichtuhren aufgrund der Isotropie des Raums, bei bewegten Lichtuhren dann aufgrund des Relativitätsprinzips).

Vom ruhenden System K aus gemessen hat der in x-Richtung bewegte und orientierte Arm die (gesuchte) Länge le':

$$M(\text{Länge des in Bewegungsrichtung orientierten bewegten x-Arms; K; LE}) \cdot LE = le' \,.$$

Nachfolgend werden alle Längen, Zeiten etc. auf das ruhende System K bezogen, weshalb auf die Anwendung der ausführlicheren Notation wieder verzichtet werden kann. Betrachtet wird folgende Situation:

- Der zusätzliche Einheitsmaßstabarm bewegt sich mit Geschwindigkeit v in x-Richtung und trägt an beiden Enden Spiegel, die eine horizontale Lichtuhr mit Lichtweg in x-Richtung bilden.
- Die gleiche Anordnung ist noch einmal um 90° gedreht vorgesehen und bildet eine vertikale Lichtuhr mit einem Lichtweg in y-Richtung, deren Spiegelabstand ebenfalls der Einheitslänge LE entspricht. Von dieser Länge ist bereits bekannt,

https://doi.org/10.1515/9783110737455-015

dass sie sich durch die Bewegung nicht verändert:

$$\text{M} \begin{pmatrix} \text{Länge des senkrecht zur Bewegungsrichtung orientierten} \\ \text{bewegten y-Arms; K; LE} \end{pmatrix} = \text{LE} \, .$$

- Zum Zeitpunkt t = 0 (im System K) wird vom hinteren Spiegel der horizontalen Lichtuhr und vom unteren Spiegel der vertikalen Lichtuhr jeweils ein Lichtsignal ausgesendet.
- Zum Zeitpunkt $t = t_1$ erreiche das horizontale Lichtsignal den vorderen Spiegel und wird dort zurückreflektiert.
- Zum Zeitpunkt $t = t_2$ komme das horizontale Lichtsignal wieder am hinteren Spiegel an.

Man kann nun Folgendes berechnen:

Zur Zeit $t = t_1$ hat sich der horizontale Einheitsmaßstab um die Strecke $v \cdot t_1$ voranbewegt. Das Lichtsignal hat diese Strecke zuzüglich zur Länge le' des Einheitsmaßstabs (im ruhenden System gesehen; hier benötigt man wieder die Autonomie der Lichtausbreitung, um ein Lichtsignal der bewegten Lichtquelle durch das Lichtsignal einer ruhenden Lichtquelle analysieren zu können) mit Lichtgeschwindigkeit zurückgelegt, d. h.

$$c \cdot t_1 = le' + v \cdot t_1 \quad \Rightarrow \quad t_1 = \frac{le'}{c - v} \, . \tag{15.1}$$

Zur Zeit $t = t_2$ hat das horizontale Lichtsignal auf dem Rückweg noch einmal mit Lichtgeschwindigkeit c die Länge le' des horizontalen Einheitsmaßstabs zurückgelegt, diesmal allerdings abzüglich des Wegs $v \cdot (t_2 - t_1)$, um den das hintere Ende entgegengekommen ist:

$$c \cdot (t_2 - t_1) = le' - v \cdot (t_2 - t_1) \quad \Rightarrow \quad (t_2 - t_1) = \frac{le'}{c + v} \, . \tag{15.2}$$

Zur Bestimmung der Zeitdauer t_2 macht man sich nun klar, dass im mitbewegten System K' zwei baugleiche Lichtuhren vorliegen, die nur in verschiedene Richtungen orientiert sind. Aufgrund des Relativitätsprinzips dürfen sich die Gangzeiten dieser Lichtuhren nicht voneinander unterscheiden. Daher müssen die Lichtsignale der vertikalen und der horizontalen Lichtuhr beide gleichzeitig wieder am Ausgangspunkt ankommen. Dass gleichzeitig in zueinander senkrechte Richtungen ausgesandte Lichtsignale nach Reflexion in gleichen Abständen wieder gleichzeitig am Ausgangsort eintreffen, ist im Übrigen auch das Resultat des berühmten Michelson-Morley-Experiments.

Im mitbewegten System K' ticken die beiden Lichtuhren während t_2 also genau um eine Zeiteinheit ZE'. Vom ruhenden System K aus gesehen war für diese Dauer ze' des vertikalen Tickens jedoch oben in Gl. (14.8) die Zeitdilatation mit dem γ-Faktor festgestellt worden:

$$ze' = \gamma \cdot ZE = t_2 \, . \tag{15.3}$$

Die Gl. (15.2) nach t_2 aufgelöst, dann Gl. (15.1) eingesetzt für t_1 und mit Gl. (15.3) gleichgesetzt ergibt:

$$t_2 = \frac{le'}{c+v} + t_1 = \frac{le'}{c+v} + \frac{le'}{c-v} = \gamma \cdot ZE \, .$$

Multiplikation mit

$$(c+v)(c-v) = c^2 - v^2 = c^2(1 - v^2/c^2) = c^2/\gamma^2$$

(s. Definition von γ in Gl. (14.8)) und Einsetzen von $ZE = 2LE/c$ (Definition der Zeiteinheit ZE an der ruhenden Lichtuhr) ergibt hieraus:

$$le' \cdot ((c-v) + (c+v)) = 2 \cdot le' \cdot c = \gamma \cdot ZE \cdot \frac{c^2}{\gamma^2} = \frac{2LE}{c} \cdot \frac{c^2}{\gamma} \quad \Rightarrow \quad le' = \frac{LE}{\gamma} \, . \quad (15.4)$$

Dies ist das gesuchte Ergebnis: Die Länge le' eines bewegten Einheitsmaßstabs in Bewegungsrichtung ist, vom ruhenden System aus beurteilt, um den Faktor $1/\gamma$ kürzer als die Länge LE eines baugleichen ruhenden Einheitsmaßstabs.

Auch hier ist der Zusatz „vom ruhenden System aus beurteilt" wichtig aufgrund der Asymmetrie des vorgenommen Vergleichs: Die Lagen der Enden des bewegten Maßstabs relativ zum ruhenden Maßstab werden beurteilt zu zwei Zeitpunkten, die im ruhenden System mit der dortigen Synchronisation gleichzeitig sind. Wie unten noch genauer betrachtet wird, haben jedoch zueinander bewegte Systeme verschiedene Ergebnisse bei der Gleichzeitigkeitsdefinition und damit der Uhrensynchronisation. Es ist daher nicht paradox, wenn aufgrund des Relativitätsprinzips der ruhende und der bewegte Beobachter ihre Rolle vertauschen, sodass vom System des bewegten Beobachters aus betrachtet umgekehrt der ruhende Maßstab verkürzt erscheint.

Im obigen Formalismus ausgedrückt misst der ruhenden Beobachter

$$1/\gamma = M \left(\begin{array}{l} \text{Länge eines ihm gegenüber mit v bewegten und in Bewegungsrichtung} \\ \text{orientierten Einheitsmaßstabs; K; LE} \end{array} \right)$$

und der bewegte Beobachter

$$1/\gamma = M \left(\begin{array}{l} \text{Länge eines ihm gegenüber mit −v bewegten und in Bewegungs-} \\ \text{richtung orientierten Einheitsmaßstabs; K'; LE'} \end{array} \right) \, .$$

Verallgemeinerung durch das Relativitätsprinzip: Längenkontraktion

Aufgrund des Relativitätsprinzips muss das oben für eine spezielle Versuchsanordnung und den Einheitsmaßstab gefundene Ergebnis für die sich in Bewegungsrichtung erstreckende Länge aller Objekte gelten. Ist nämlich die x-Länge eines Objekts im Ruhesystem K das n-Fache der ruhenden Längeneinheit LE,

$$n = M(\text{ruhende x-Länge; K; LE}) \, ,$$

so muss sie im Bewegungsfall aufgrund des Relativitätsprinzips dasselbe n-Fache im bewegten System K′ sein:

$$n = M(\text{bewegte x-Länge; } K'; LE') \,.$$

Die nachgewiesene Kontraktion des Einheitsmaßstabs überträgt sich daher auf die Objektlänge. Man erhält somit allgemein:

Längenkontraktion[24]**:** Vom ruhenden System aus beurteilt ist die Länge l′ eines mit Geschwindigkeit v gleichförmig bewegten Objekts in Bewegungsrichtung um den Faktor $1/\gamma(v)$ kürzer als die entsprechende Länge l eines baugleichen ruhenden Objekts.

---

24 Auch Lorentz-Fitzgerald-Kontraktion oder nur Lorentz-Kontraktion genannt.

16 Zusammenfassung: Effekte bei gleichförmiger Bewegung

Das in den vorangegangenen Kapiteln mühsam Zusammengetragene sei hier noch einmal übersichtlich zusammengefasst. Bewegt sich ein Objekt wie beispielsweise ein Maßstab, eine Lichtuhr, ein Elementarteilchen, ein Atom, ein starrer Körper, eine Maschine, ein lebendiger Organismus oder dergleichen gegenüber einem gegebenen ruhenden Inertialsystem K mit gleichförmiger Geschwindigkeit v in x-Richtung, so wurden hierfür aus den folgenden Prinzipien

HOM	Homogenität des Raums	**RP**	Relativitätsprinzip
ISO	Isotropie des Raums	**ALI**	Autonomie der Lichtausbreitung

die nachfolgend wiedergegebenen Erkenntnisse gewonnen, wobei gegebenenfalls anstelle eines angewendeten Prinzips auch ein experimentelles Ergebnis (EXP) treten kann.

Vorgang	+ Prinzip	⇒ Erkenntnis
A) Maßstab bewegt sich senkrecht zu seiner Erstreckungsrichtung	ISO	Längsausrichtung erfährt keine Drehung etc.
	RP oder EXP	Keine Längenveränderung senkrecht zur Bewegungsrichtung
B) Länge eines beliebigen Objekts senkrecht zur Bewegungsrichtung	A) und RP	**Keine Längenveränderung senkrecht zur Bewegungsrichtung**
C) Lichtuhr bewegt sich mit Spiegeln parallel zur Bewegungsrichtung	B) und ALI	Gangdauer ze′ verlängert sich um Faktor γ $ze' = \gamma \cdot ZE$
D) Dauer eines beliebigen Vorgangs	C) und RP	**Zeitdilatation der Vorgangsdauer mit Faktor γ**
E) Lichtuhr bewegt sich mit Spiegeln senkrecht zur Bewegungsrichtung	C), RP und ALI	Spiegelabstand le′ verkürzt sich um Faktor γ $le' = LE/\gamma$
F) Länge eines beliebigen Objekts in Bewegungsrichtung	E) und RP	**Längenkontraktion der Länge in Bewegungsrichtung um Faktor γ**

https://doi.org/10.1515/9783110737455-016

Teil III: Koordinatentransformation zwischen Inertialsystemen

17 Problemstellung

Bei den obigen Betrachtungen eines ruhenden Systems war für dieses ein vierdimensionales Koordinatensystem K konstruiert worden, indem
- zunächst mittels starrer (Einheits-)Maßstäbe ein rechtwinkliges räumliches, dreidimensionales kartesisches Koordinatensystem konstruiert wurde;
- dann baugleiche Lichtuhren im Raum verteilt wurden (die aufgrund ihrer Baugleichheit und der Homogenität von Raum und Zeit gleich schnell laufen), die z. B. mittels des Einsteinschen Verfahrens mit einer Referenzuhr am Ursprung des räumlichen Koordinatensystems synchronisiert wurden.

In der vierdimensionalen Welt aller Ereignisse ließ sich damit jedes Ereignis eindeutig durch vier Koordinaten (t, x, y, z) bzw. (x_0, x_1, x_2, x_3) indizieren.

Nachträglich wurde klargestellt, dass dieses Vorgehen voraussetzt, dass das betrachtete Ruhesystem ein Inertialsystem ist, in dem das Trägheitsgesetz gilt.

Aufgrund des Relativitätsprinzips ist jedoch jedes relativ zum Ruhesystem gleichförmig bewegte System ebenfalls ein Inertialsystem, das aufgrund interner physikalischer Experimente nicht vom Ruhesystem unterscheidbar ist. Der Zustand der Ruhe bzw. das Ruhesystem hat daher keine absolute Bedeutung, sondern von zwei Inertialsystemen kann willkürlich jedes als das ruhende bzw. das bewegte angesehen werden.

Im bewegten Inertialsystem muss sich daher ganz analog wie im ruhenden Inertialsystem auch ein vierdimensionales kartesisches Koordinatensystem K' konstruieren lassen, mit dem sich die Welt der Ereignisse mithilfe von vier Koordinaten (t', x', y', z') bzw. (x'_0, x'_1, x'_2, x'_3) ordnen lässt.

Die im Folgenden untersuchte Frage lautet nun, wie sich die Koordinaten (t, x, y, z) des ruhenden Systems K in die Koordinaten (t', x', y', z') des bewegten Systems K' umrechnen lassen. Dabei sollen willkürlich wählbare Randbedingungen zweckmäßig so festgelegt werden, dass die grundlegenden physikalischen Effekte (nämlich die oben hergeleitete Längenkontraktion und Zeitdilatation) möglichst klar hervortreten.

https://doi.org/10.1515/9783110737455-017

18 Herleitung der Lorentz-Transformation

Ursprünge

In jedem System gibt es ein Ereignis, für das die räumlichen und zeitlichen Koordinaten alle Null sind, also $x = y = z = t = 0$ und $x' = y' = z' = t' = 0$. Dieses Ereignis markiert den sogenannten **Ursprung** des Koordinatensystems K bzw. K'.

Man kann sich das Leben nun durch die Annahme vereinfachen, dass K und K' dasselbe Ereignis U für ihren Koordinatenursprung wählen[25], also

$$\text{Koordinaten(U)} = (x = 0, y = 0, z = 0, t = 0)$$
$$= \text{Koordinaten}'(U) = (x' = 0, y' = 0, z' = 0, t' = 0) \, .$$

x-Achse

Da das bewegte System K' ein Inertialsystem ist, bewegt es sich mit gleichförmiger, konstanter Geschwindigkeit v gegenüber dem ruhenden System K. Wir legen nun (wie schon oft getan) die x-Achse des ruhenden Systems K in Richtung der Geschwindigkeit v, sodass sich alle Bewegungseffekte an der x-Richtung zeigen sollten, während y- und z-Achse gleichberechtigt und neutral senkrecht hierzu stehen. Jeder Punkt des bewegten Systems K' bewegt sich dann gegenüber K mit der räumlichen Geschwindigkeit $\underline{v} = (v, 0, 0)$.[26]

y-, z-Achse

Um den räumlichen Ursprung $(x, y, z) = (0, 0, 0)$ sowie die Einheitsmarken $(1, 0, 0)$, $(0, 1, 0)$ und $(0, 0, 1)$ zu definieren, kann man gemäß Abb. 18.1 im räumlichen Anteil des ruhenden Koordinatensystems K einen würfelförmigen Körper W mit Einheitskantenlänge so positionieren, dass seine Ecken an genau diesen Punkten (sowie bei $(1, 1, 1)$ etc.) liegen.

Diesen Würfel (oder einen baugleichen) kann man ins bewegte System K' bringen, d. h. schonend in gleichförmige Bewegung mit Geschwindigkeit v in x-Richtung versetzen. Er muss dort aufgrund des Relativitätsprinzips bei geeigneter Drehung ins

---

25 Ansonsten müsste man bei der Umrechnung von K in K' immer eine konstante Verschiebung – die Ursprungsdifferenz – berücksichtigen.

26 Der Strich unter dem $\underline{v}$ deutet an, dass es sich mathematisch um einen Vektor handelt, also einen Satz von mehreren Zahlen bzw. Komponenten, mit dem gemäß gewissen Regeln gerechnet werden kann. Vorliegend enthält der Satz von Komponenten die Geschwindigkeitsanteile in x-, y- und z-Richtung.

https://doi.org/10.1515/9783110737455-018

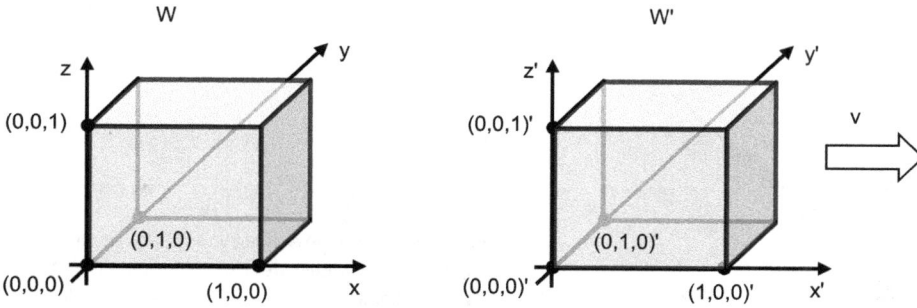

Abb. 18.1: Würfelförmige Körper W bzw. W′ im ruhenden bzw. bewegten Koordinatensystem definieren die Achsen und Einheitsmarken.

dortige Koordinatensystem K′ passen, also die Punkte $(0, 0, 0)′$, $(1, 0, 0)′$, $(0, 1, 0)′$ etc. markieren[27].

Der ruhende Würfel W und der bewegte Würfel W′ stimmen nun zum Zeitpunkt $t = t′ = 0$ aufgrund der vereinbarten Übereinstimmung der Ursprünge $(0, 0, 0, 0)$ und $(0, 0, 0, 0)′$ in der räumlichen Ecke $(0, 0, 0)$ bzw. $(0, 0, 0)′$ überein. Ansonsten können sie aber im Allgemeinen beliebig relativ zueinander gedreht sein.

Zur Vereinfachung nimmt man deshalb wieder an, dass die Achsen x′, y′ und z′ des bewegten Koordinatensystems K′ so ausgerichtet sind, dass sie zum Zeitpunkt $t = t′ = 0$ mit den Achsen x, y und z des ruhenden Koordinatensystems K übereinstimmen, die vom Ursprung ausgehenden Kanten der Würfel W und W′ also (zumindest streckenweise) überlappen[28]. Dabei fließt die frühere Erkenntnis ein, dass sich der bewegte Würfel W′ nicht irgendwie beliebig verformt hat, sondern (bei der gewählten Ausrichtung der Bewegung parallel zu einer Kante)

- ein Würfel mit geraden Kanten bleibt
- senkrecht zur Bewegungsrichtung gleiche Dimensionen behält und
- sich in Bewegungsrichtung verkürzt (vom ruhenden System aus beurteilt um den Faktor γ)

Zum Zeitpunkt $t = 0$ ergibt sich daher das in Abb. 18.2 dargestellte Bild der beiden räumlichen Koordinatensysteme und die zugehörige räumliche Transformation lautet:

$$y′(t = 0) = y(t = 0)$$
$$z′(t = 0) = z(t = 0)$$
$$x′(t = 0) = γ \cdot x(t = 0)$$

---

27 Die Striche an den Klammern sollen darauf hinweisen, dass sich die Koordinaten auf das bewegte System K′ beziehen.

28 Das Problem, dass zwei massive Würfel sich in der Praxis nicht gleichzeitig im selben Raumbereich aufhalten können, sei dabei einmal ignoriert.

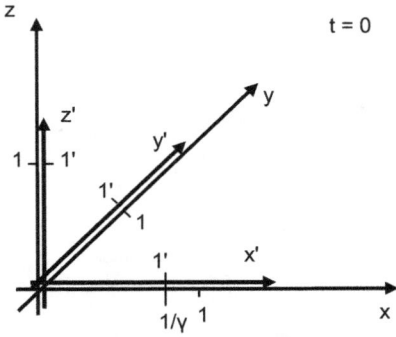

Abb. 18.2: Räumliche Achsen von ruhendem und bewegtem Koordinatensystem zum Zeitpunkt $t = 0$; aus darstellerischen Gründen sind die Achsen leicht versetzt gezeichnet.

Für einen beliebigen Zeitpunkt t verschiebt sich gemäß Abb. 18.3 der das Koordinatensystem K′ definierende Würfel W′ in x-Richtung um den Betrag $v \cdot t$. Zu jeder x′-Koordinate addiert sich also in K der Betrag v·t, während die y′- und z′-Koordinaten unverändert bleiben. Für die Transformation der räumlichen Koordinaten erhält man daraus:

$$y'(t) = y(t)$$
$$z'(t) = z(t) \tag{18.1}$$
$$x'(x, t) = \gamma \cdot (x - v \cdot t)$$

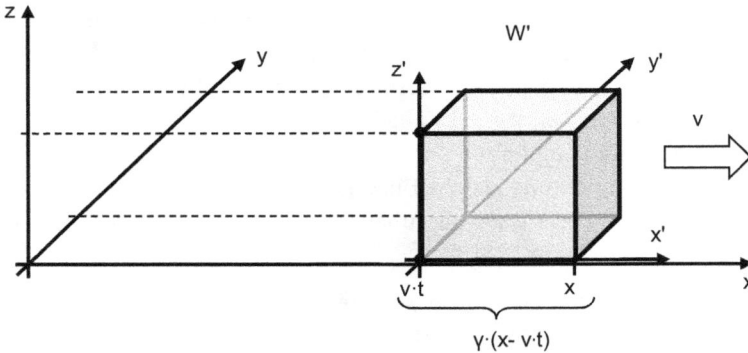

Abb. 18.3: Bewegter Würfel W′ und zugehöriges räumliches Koordinatensystem zu beliebiger Zeit t.

Anmerkung: Die Verbringung eines Würfels vom ruhenden ins bewegte System löst unauffällig auch die Frage nach der Händigkeit der Koordinatensysteme: Nach Festlegung zweier zueinander senkrechter Achsen x und y (bzw. x′ und y′) kann man die dritte, hierzu senkrechte z-Achse (bzw. z′-Achse) nämlich in zwei verschiedenen Richtungen festlegen, die ein rechtshändiges oder ein linkshändiges System ergeben (Abb. 18.4).

rechtshändig   linkshändig

Abb. 18.4: Rechtshändiges und linkshändiges Koordinatensystem.

Allein durch eine abstrakte Bauvorschrift könnte man einem weit entfernten Beobachter (beispielsweise in einer anderen Galaxie) nicht mitteilen, was rechtshändig und was linkshändig ist. Dazu bedarf es vielmehr eines physischen Vergleichs mit (willkürlich definierten) Mustern, wozu auch menschliche Hände dienen können. Die Händigkeit oder Parität ist übrigens ein weiteres Beispiel einer Natursymmetrie; danach sollte ein rechtshändig aufgebauter Versuch im Prinzip genauso ablaufen wie ein linkshändig aufgebauter (nur eben in allem spiegelbildlich).

t-Achse: Beziehung zwischen den Uhren im Ursprung

Als Letztes bleibt noch zu klären, wie sich die Zeitkoordinate t transformiert.

Dazu betrachtet man wieder einen bewegten Würfel W', diesmal mit der allgemeinen Kantenlänge D (Abb. 18.5). Ferner sollen sich an seinen Ecken $(0, 0, 0)'$, $(D, 0, 0)'$, $(0, D, 0)'$ und $(0, 0, D)'$ die Uhren U_0', U_x', U_y' und U_z' befinden, die untereinander sowie zur im Ursprung von K ruhenden Uhr U_0 baugleich sein sollen.

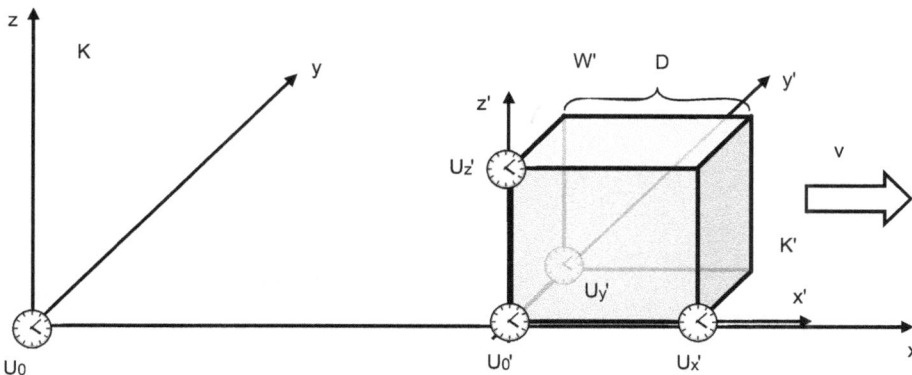

Abb. 18.5: Bewegter Würfel W' mit Kantenlängen D und miteinander synchronisierten, bewegten Uhren U_0', U_x', U_y', U_z' in den Ecken, sowie ruhende Uhr U_0 im Ursprung des ruhenden Systems K. Alle Uhren sind miteinander baugleich, und zum Zeitpunkt t = 0 sind U_0 und U_0' am selben Ort mit $t = t' = 0$.

Die ruhende Ursprungsuhr U_0 und die bewegte Ursprungsuhr U_0' sind annahmegemäß bei t = 0 am selben Ort und zeigen dieselbe Zeit an, d. h. t = t' = 0. Danach (und davor) nimmt die bewegte Uhr U_0' die Orte x = v · t an, wobei ihr Gang der Zeitdilatation mit dem Faktor γ unterliegt. Daher lautet an den speziellen Orten y = z = 0 und x = v · t die gesuchte Transformation der Zeit:

$$t' = \frac{t}{\gamma}.$$

(18.2)

Mit dieser Formel ist ein wesentlicher Teil des Zusammenhangs zwischen ruhender Zeit t und bewegter Zeit t' schon gefunden. Die folgenden Überlegungen betreffen noch die Frage, wie die in K' durch die Uhr U_0' im Ursprung definierte bewegte Zeit auf die gesamte Raumzeit auszudehnen ist. Mit anderen Worten: Wie in K' verteilte, bewegte Uhren U' mit U_0' synchronisiert sind bzw. werden.

t-Achse: Uhrensynchronisation im bewegten System

Für die Synchronisation ist in K', genauso wie in K, die Einsteinsche Vorschrift anzuwenden (d. h. zwei Ereignisse sind synchron, wenn davon ausgesandte Lichtsignale sich gleichzeitig im Mittelpunkt ihrer räumlichen Verbindungslinie treffen).

Bei Anwendung dieser Vorschrift zeigt sich gemäß Abb. 18.6 zunächst, dass U_0' und U_y', U_z' zu allen in K global vorliegenden Zeitpunkten t untereinander dieselbe Zeit t' für das bewegte System K' anzeigen, denn zwei zur selben K-Zeit t von U_0' und U_y' bzw. U_z' ausgesandte Lichtsignale treffen sich offensichtlich in der Mitte zwischen U_0' und U_y' bzw. U_z' (das gilt sowohl von K aus gesehen bei der Verwendung ruhender Lichtquellen – deshalb herrscht bei der Lichtaussendung voraussetzungsgemäß überall dieselbe Zeit t – als auch von K' aus gesehen bei Verwendung mitbewegter Lichtquellen).

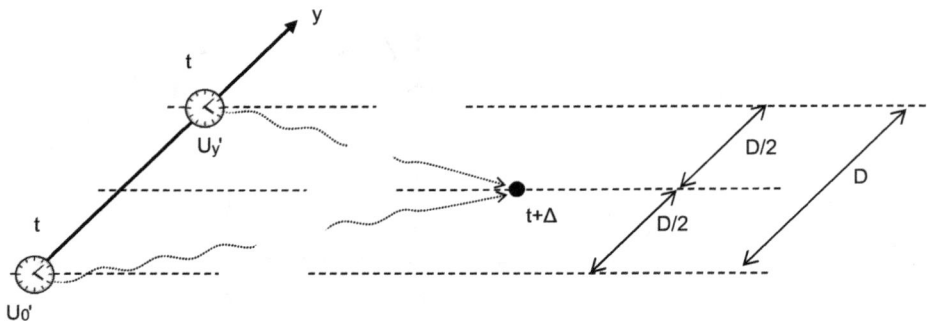

Abb. 18.6: Zur globalen K-Zeit t von U_0' und U_y' ausgesendete Lichtsignale (ruhender ebenso wie mitbewegter Lichtquellen) treffen sich zur Zeit (t + Δ) in der räumlichen Mitte zwischen U_0' und U_y'. Die Aussendezeitpunkte waren daher per definitionem auch bezüglich K' gleichzeitig: $t'(U_0')$ = $t'(U_y')$.

Ein komplizierteres Bild ergibt sich jedoch in Bewegungsrichtung, also für die Uhren U_0' und U_x'. Bei der Synchronisation der beiden bewegten Uhren U_0' und U_x' bewegt sich nämlich – vom ruhenden System K aus beurteilt – der Mittelpunkt zwischen den Uhren (Würfelmittelpunkt) mit Geschwindigkeit v vom U_0'-Lichtsignal weg und auf das U_x'-Lichtsignal zu (während er von K' aus beurteilt als ruhend angesehen wird). Von K aus beurteilt ergibt dies für die in K' durchgeführte Synchronisation folgende Zusammenhänge (Abb. 18.7):

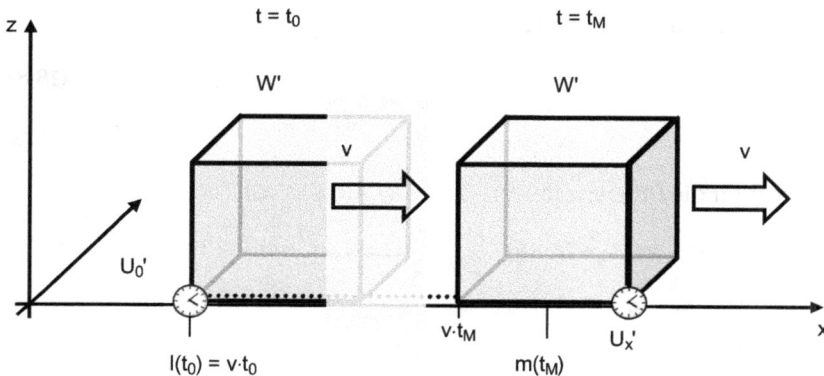

Abb. 18.7: Die bewegte Ursprungsuhr U_0' sendet zur K-Zeit t_0 vom K-Ort $l(t_0)$ ihr Synchronisationslichtsignal aus, die bewegte Uhr U_x' zur K-Zeit t vom K-Ort x. Beide Lichtsignale treffen sich in der Mitte des bewegten Würfels W' zur K-Zeit t_M.

Position von U_0' zum Zeitpunkt t_0 des Aussendens ihres Synchronisationslichtsignals:

$$\text{Position}\left[U_0'(t_0)\right] = l(t_0) = v \cdot t_0 \,. \tag{18.3}$$

Position von U_x' zum Zeitpunkt t des Aussendens ihres Synchronisationslichtsignals:

$$\text{Position}\left[U_x'(t)\right] = r(t) = v \cdot t + D \overset{\text{def}}{=} x \,. \tag{18.4}$$

An dieser Stelle kann sowohl ein beliebig wählbarer K-Zeitpunkt t als auch eine beliebig wählbare K-Koordinate x angenommen werden (letzteres durch entsprechende Wahl der Würfelkantenlänge D[29]).

Position der Mitte des Würfels W' zum Zeitpunkt t_M des Zusammentreffens der Synchronisationslichtsignale von U_0' und U_x':

$$\text{Position}\left[(\text{Mitte von W'})(t_M)\right] = m(t_M) = v \cdot t_M + \frac{D}{2} \,. \tag{18.5}$$

---

29 Es ist daher für die folgende Rechnung nicht wichtig, dass D hier genau genommen die bewegte bzw. kontrahierte Kantenlänge ist gemäß D = M(Kantenlänge von W' in Bewegungsrichtung, K, LE).

Das von U_0' zu t_0 ausgesandte Lichtsignal trifft im Zeitpunkt t_M am Würfelmittelpunkt ein, d. h.

$$l(t_0) + c \cdot (t_M - t_0) = v \cdot t_0 + c \cdot (t_M - t_0) = m(t_M) = v \cdot t_M + \frac{D}{2} \,. \tag{18.6}$$

Ebenso trifft das von U_x' zu t ausgesandte Lichtsignal im Zeitpunkt t_M am Würfelmittelpunkt ein, d. h.

$$r(t) - c \cdot (t_M - t) = v \cdot t + D - c \cdot (t_M - t) = m(t_M) = v \cdot t_M + \frac{D}{2} \,. \tag{18.7}$$

Umstellung der Gln. (18.6) und (18.7) ergibt:

$$(c - v) \cdot t_M = (c - v) \cdot t_0 + \frac{D}{2} \tag{18.8}$$

$$(c + v) \cdot t_M = (c + v) \cdot t + \frac{D}{2} \tag{18.9}$$

Daraus folgt für die Differenz $(c + v) \cdot$ Gl. (18.8) $- (c - v) \cdot$ Gl. (18.9):

$$0 = \left[(c + v) \cdot (c - v) \cdot t_0 + (c + v) \cdot \frac{D}{2} \right] - \left[(c - v) \cdot (c + v) \cdot t + (c - v) \cdot \frac{D}{2} \right]$$

$$= (c^2 - v^2) \cdot t_0 - (c^2 - v^2) \cdot t + v \cdot D \,.$$

Einsetzen von $D = x - v \cdot t$ aus Gl. (18.4) liefert:

$$0 = (c^2 - v^2) \cdot t_0 - c^2 \cdot t + v^2 \cdot t + v \cdot (x - v \cdot t) = (c^2 - v^2) \cdot t_0 - c^2 \cdot t + v \cdot x \,.$$

Umstellung der Gleichung nach t_0 ergibt:

$$t_0 = \frac{c^2 \cdot t - v \cdot x}{c^2 - v^2} = \left(t - \frac{v \cdot x}{c^2} \right) \cdot \frac{1}{1 - \frac{v^2}{c^2}} = \left(t - \frac{v \cdot x}{c^2} \right) \cdot \gamma^2 \,. \tag{18.10}$$

Im bewegten System K' gehört aufgrund der dort vorgenommenen Synchronisation zur K-Zeit t an der K-Stelle x dieselbe K'-Zeit t' wie zu t_0. Letztere ist die bereits bekannte Umrechnung der Zeit der bewegten Uhr U_0' gemäß Gl. (18.2), also:

$$t'(x, t) = t'(v \cdot t_0, t_0) = \frac{t_0}{\gamma} \,.$$

Einsetzen von Gl. (18.10) ergibt daraus die gesuchte Beziehung:

$$t'(x, t) = \frac{t_0}{\gamma} = \gamma \cdot \left(t - \frac{v \cdot x}{c^2} \right) \,. \tag{18.11}$$

Zusammenfassung: Lorentz-Transformation

Somit sind endlich alle Gleichungen bekannt, mit denen die (t, x, y, z)-Koordinaten eines Ereignisses bezüglich des ruhenden Systems K in dessen (t', x', y', z')-Koordinaten bezüglich des mit Geschwindigkeit v in x-Richtung bewegten Systems K' umgerechnet werden können (baugleiche Koordinatensysteme, Identität der Ursprünge und parallele Ausrichtung der räumlichen Achsen vorausgesetzt):

Lorentz-Transformation[30]:

$$
\left.
\begin{aligned}
y'(t) &= y(t) \\
z'(t) &= z(t) \\
x'(x, t) &= \gamma \cdot (x - v \cdot t) \\
t'(x, t) &= \gamma \cdot \left(t - \frac{v \cdot x}{c^2}\right)
\end{aligned}
\right\}
\qquad (18.12)
$$

mit

$$
\gamma = \gamma(v) = \frac{1}{\sqrt{1 - \frac{v^2}{c^2}}}
$$

Um alle Ereignisse der Raumzeit eindeutig zu identifizieren, kann man neben dem ruhenden Koordinatensystem K mit den Koordinaten (t, x, y, z) grundsätzlich jedes beliebige andere Koordinatensystem verwenden (im Rahmen der Allgemeinen Relativitätstheorie geschieht dies auch). Was das vierdimensionale Koordinatensystem K' der Lorentz-Transformation auszeichnet ist, dass es bezüglich des bewegten Systems völlig baugleich und analog konstruiert ist wie das ruhende Koordinatensystem K bezüglich des ruhenden Systems. Aufgrund des Relativitätsprinzips haben daher alle Naturvorgänge (und insbesondere die Naturgesetze) in K mit den Koordinaten (t, x, y, z) dieselbe Beschreibung wie die mit Geschwindigkeit v bewegten analogen Naturvorgänge in den Lorentz-transformierten Koordinaten (t', x', y', z'). Dies impliziert, dass man die Naturgesetze so formulieren können muss, dass sie in gleicher Form für die ruhenden Koordinaten (t, x, y, z) ebenso wie für die Lorentz-transformierten Koordinaten (t', x', y', z') im bewegten System gelten. Die Naturgesetze müssen also forminvariant unter der Lorentz-Transformation sein.

---

30 Aufgrund der gemachten Voraussetzungen an die Lage der Ursprünge, Ausrichtung der Achsen etc. auch als Spezielle Lorentz-Transformation bezeichnet.

19 Exemplarische Raumzeitdiagrammszenarien

Zur Vertiefung der gewonnenen Erkenntnisse werden nachfolgend in den Abb. 19.1 bis 19.11 verschiedene Szenarien in zwei- oder dreidimensionalen Raumzeitdiagrammen veranschaulicht, in denen eine Achse (die Vertikale) die Zeit repräsentiert und die drei Raumdimensionen sich die übrigen Achsen teilen.

Lichtkegel im ruhenden System

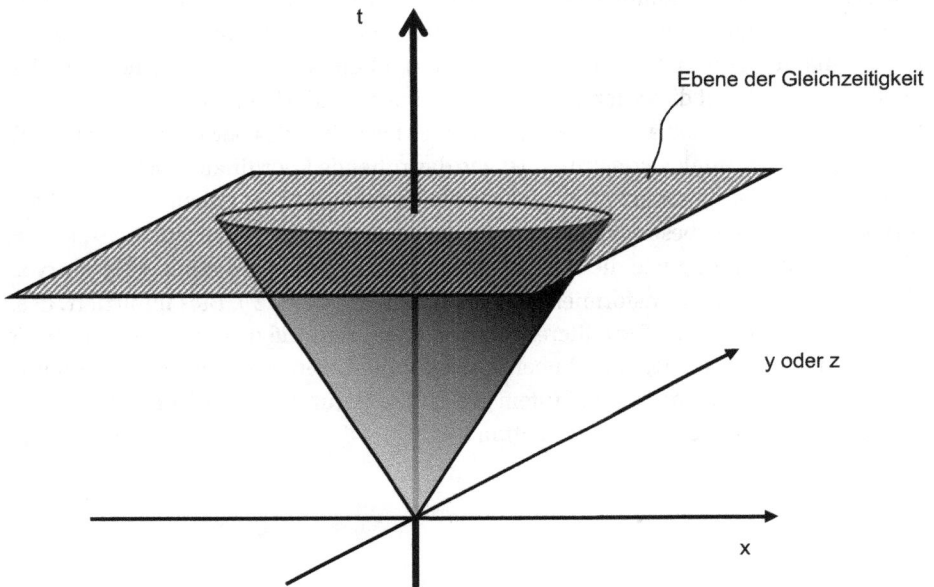

Abb. 19.1: Wenn vom Ursprung eines ruhenden Koordinatensystems mit den räumlichen Achsen x, y und z und der Zeitachse t in alle Raumrichtungen ein Lichtsignal ausgesendet wird, bilden die Weltlinien der Lichtstrahlen im (dreidimensional komprimierten) Raumzeitdiagramm einen Kegel um die t-Achse herum. Im ruhenden System werden alle Ereignisse als gleichzeitig betrachtet, die in einer Ebene parallel zur x,y-(bzw. x,z-)Ebene liegen. Eine solche Ebene schneidet den Lichtkegel in einem Kreis, der die Position der Wellenfront zur Zeit t wiedergibt (und in vierdimensionaler Darstellung eine Kugel wäre).

https://doi.org/10.1515/9783110737455-019

Achsen des bewegten Koordinatensystems

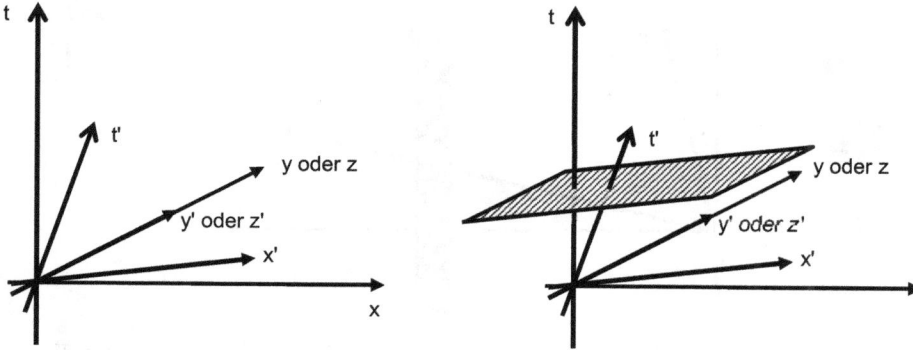

Abb. 19.2: Links: Die Achse eines Koordinatensystems ist definitionsgemäß die Menge aller Ereignisse, für die eine vorgegebene Koordinate beliebige Werte annimmt und die anderen drei Koordinaten Null sind. Beispielsweise ist die x-Achse die Menge aller Ereignisse mit den Koordinaten $y = z = t = 0$, x beliebig. Bei der Herleitung der Lorentz-Transformation zwischen ruhendem Koordinatensystem (Koordinaten [t, x, y, z]) und bewegtem Koordinatensystem (Koordinaten [t′, x′, y′, z′]) wurde angenommen, dass die Ursprünge übereinstimmen, dass die Bewegung in x-Richtung erfolgt und dass die y- und z- bzw. y′- und z′-Achsen parallel ausgerichtet sind. Die t′-Achse des bewegten Systems entspricht der Weltlinie eines Körpers, der im Ursprung des bewegten Systems ruht (räumliche Koordinaten $x′ = y′ = z′ = 0$). Sie liegt in der x,t-Ebene und ist gegenüber der t-Achse geneigt. Die x′-Achse des bewegten Systems enthält alle Ereignisse, die im bewegten System als gleichzeitig mit dem Zeitpunkt $t′ = 0$ angesehen werden und für die die Koordinaten y′ und z′ Null sind. Sie liegt in der x,t-Ebene und ist gegenüber der x-Achse geneigt. Rechts: Im bewegten System werden alle Ereignisse als gleichzeitig (zum Zeitpunkt t′ gehörig) betrachtet, die in einer Ebene liegen, die zur x′,y′-(bzw. x′,z′-)Ebene parallel ist.

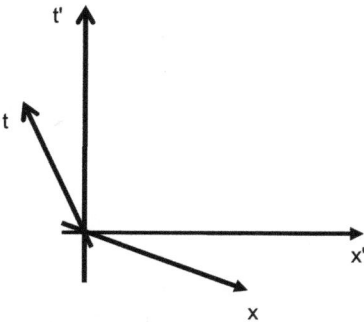

Abb. 19.3: Ob die Achsen des ruhenden oder des bewegten Systems in der Darstellung senkrecht aufeinander stehen, ist weitgehend willkürlich. Hier sind die Achsen x′ und t′ des bewegten Systems senkrecht zueinander dargestellt. Man kann sie auch als die Achsen eines ruhenden Systems interpretieren, relativ zu dem sich das System (x,t) mit Geschwindigkeit (−v) bewegt.

Verschiedene Definitionen der Gleichzeitigkeit

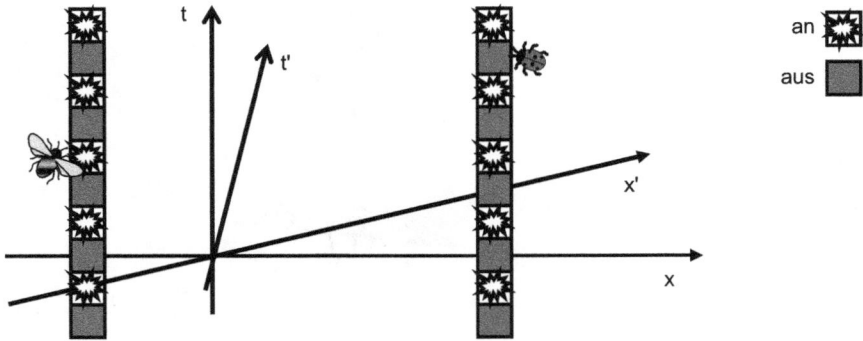

Abb. 19.4: In diesem zweidimensionalen Raumzeitdiagramm sind die Weltlinien (besser gesagt Weltstreifen) von zwei Blinkleuchten dargestellt. Für den ruhenden Beobachter liegen gleichzeitige Ereignisse auf Linien parallel zur x-Achse. Daher sind für ihn die Leuchten immer gleichzeitig beide an oder aus. Für den bewegten Beobachter sind die Leuchten auf Parallelen zur x'-Achse gleichzeitig, und diese haben immer unterschiedliche Leuchtzustände (oder bei anderen Neigungen der x'-Achse mal gleiche und mal unterschiedliche Leuchtzustände). Auch die Frage, ob die Biene und der Marienkäfer gleichzeitig an den Blinkleuchten angekommen sind, werden die beiden Beobachter unterschiedlich beantworten (beide kommen übrigens aus bzw. verschwinden in einer der nicht dargestellten Raumdimensionen y und/oder z, sodass ihre Weltlinie die Zeichenebene nur in einem Punkt durchsticht).

Lichtkegel im bewegten System

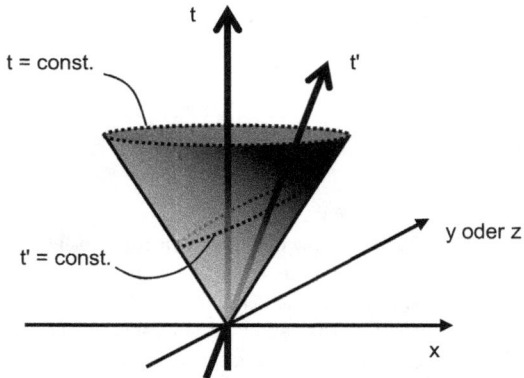

Abb. 19.5: Nach dem Prinzip von der Autonomie der Lichtausbreitung hängt letztere nicht davon ab, ob sich die Lichtquelle zum Zeitpunkt der Emission bewegt oder nicht. Im Ursprung emittierte Lichtblitze verlaufen daher auf völlig gleichen Kegeln, egal ob sie von einer im ruhenden System ruhenden oder im bewegten System ruhenden Lichtquelle emittiert werden. Der ruhende und der bewegte Beobachter definieren allerdings unterschiedliche Ereignisse als die zu einem bestimmten Zeitpunkt t = konstant bzw. t' = konstant vorherrschende Lage der Lichtfront.

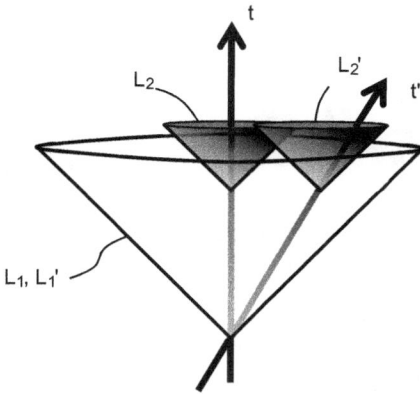

Abb. 19.6: Wenn die ruhende und die bewegte Lichtquelle gleichzeitig vom Ursprung aus einen Lichtblitz emittieren, so sind die resultierenden Lichtkegel L_1 bzw. L_1' deckungsgleich. Erstreckt sich der Vorgang der Lichtemission aber über eine gewisse Dauer, so bewegen sich die ruhende und die bewegte Lichtquelle entlang der t-Achse bzw. t'-Achse und damit auseinander und die von ihnen dann ausgehenden Lichtkegel L_2 bzw. L_2' sind gegeneinander verschoben. Dies führt beispielsweise zum Dopplereffekt.

Ruhender und bewegter Würfel

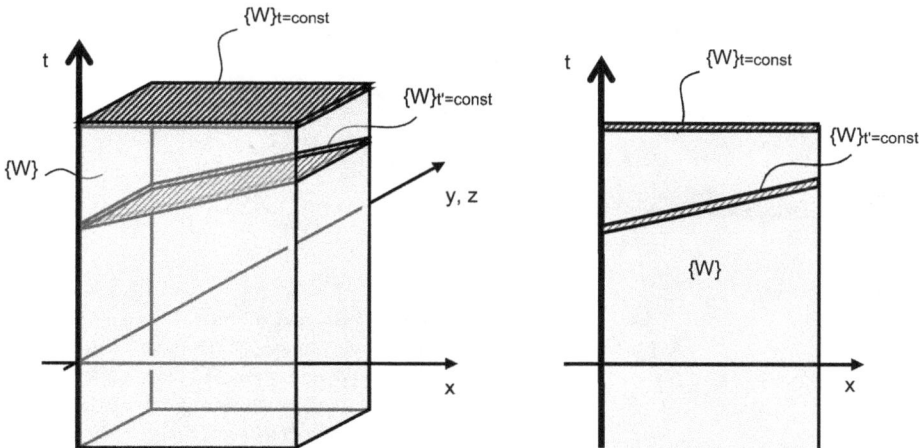

Abb. 19.7: Links: Im dreidimensionalen Raumzeitdiagramm besteht ein Objekt wie beispielsweise ein dreidimensionaler Würfel W (hier aufgrund der Unterdrückung einer Raumdimension zu einer Fläche entartet) aus allen seinen Existenzen zu allen Zeiten. Der ruhende Beobachter setzt aus dieser Menge {W} aller Existenzen diejenigen Ereignisse $\{W\}_t$ zu dem Würfel zusammen, die er als gleichzeitig zum Zeitpunkt t sieht. Der bewegte Beobachter setzt dagegen andere Ereignisse $\{W\}_{t'}$ aus der Menge {W} dieser Existenzen zu „seinem" Würfel zum Zeitpunkt t' zusammen. Durch diese unterschiedliche Auffassung darüber, welche Ereignisse ein Objekt (zu einem Zeitpunkt) definieren, erklären sich viele der angeblichen Paradoxien der Speziellen Relativitätstheorie. Rechts: Der Übersichtlichkeit halber wird im Folgenden nur die zweidimensionale Frontansicht des linken Diagramms verwendet, da die Berücksichtigung der y- bzw. z-Achse keine neuen Erkenntnisse beinhaltet. Aus darstellerischen Gründen sind die Würfelexistenzen zu einem Zeitpunkt t bzw. t' mit einer gewissen Dicke statt durch bloße Striche gezeichnet.

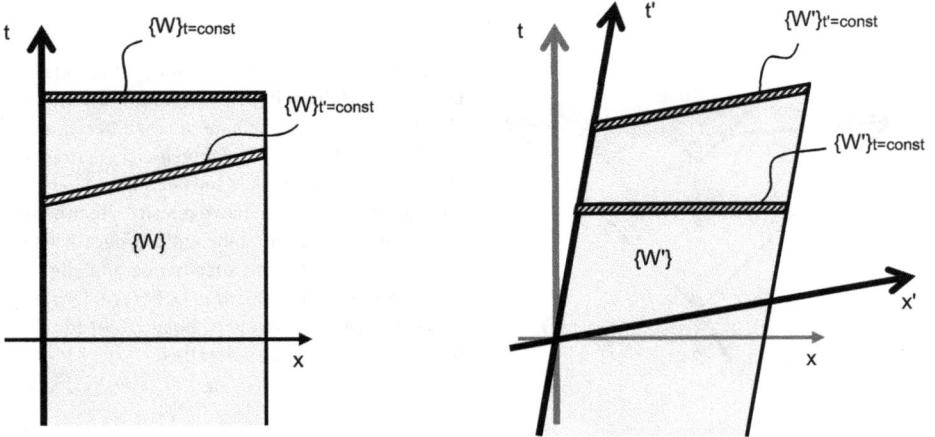

Abb. 19.8: Links: Nochmals die Menge {W} aller Existenzen des ruhenden Würfels und die Scheiben, die der ruhende Beobachter bzw. der bewegte Beobachter hieraus ausschneidet. Rechts: Menge {W'} aller Existenzen eines bewegten Würfels und die Scheiben, die der ruhende Beobachter hieraus als „den Würfel {W'}$_t$ zur Zeit t" ausschneidet, bzw. die Scheiben, die der bewegte Beobachter hieraus als „den Würfel {W'}$_{t'}$ zur Zeit t'" ausschneidet.

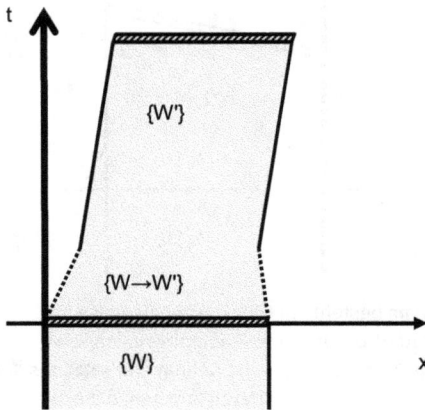

Abb. 19.9: Wenn ein Würfel in Bewegung versetzt wird, geht die Menge {W} ruhender Existenzen in die Menge {W'} bewegter Existenzen über. Wie dieser Übergang genau stattfindet, hängt von den Einzelheiten des Beschleunigungsvorgangs ab (gestrichelte Zone). Es gibt unterschiedliche Ansichten darüber, ob die in x-Richtung stattfindende Längenkontraktion real ist (hier bevorzugte Ansicht) oder nur ein Artefakt aufgrund unterschiedlicher Gleichzeitigkeitsdefinitionen.

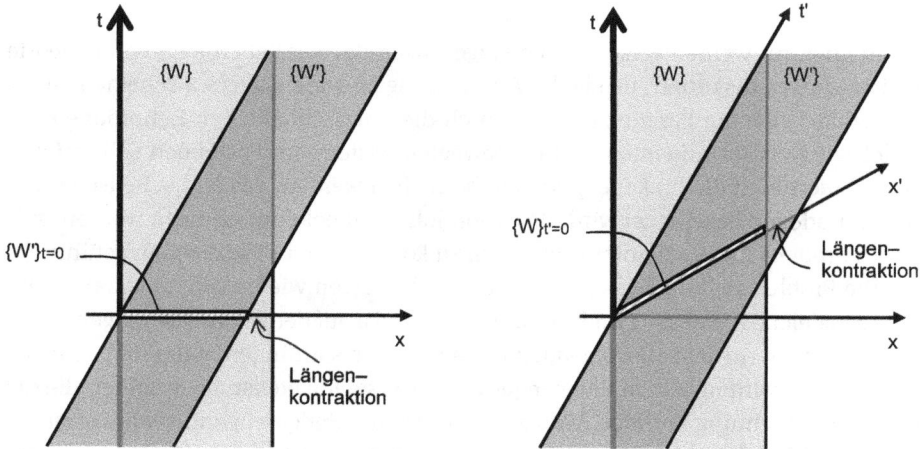

Abb. 19.10: Die Existenzen {W} eines ruhenden Würfels werden von den Existenzen {W′} eines baugleichen bewegten Würfels durchdrungen (nur in der Vorstellung; in der Realität ist dies so natürlich nicht möglich bzw. es müsste ein Versatz in y- und/oder z-Richtung vorliegen). Links: Der ruhende Beobachter betrachtet einen horizontalen Schnitt durch die bewegten Existenzen {W′} als „den bewegten Würfel" zu einer bestimmten Zeit, z. B. t = 0, und dieser Schnitt ist in x-Richtung kürzer als der Schnitt zur selben Zeit t durch die Existenzen {W} des ruhenden Würfels – was der Beobachter als Längenkontraktion des bewegten Würfels interpretiert. Rechts: Ganz symmetrisch dazu betrachtet ein mitbewegter Beobachter einen schrägen Schnitt durch die ruhenden Existenzen {W} als „den ruhenden Würfel" zu einer bestimmten Zeit, z. B. t′ = 0, und dieser Schnitt ist in x′-Richtung kürzer als der Schnitt zur selben Zeit t′ durch die Existenzen {W′} des bewegten Würfels – was der bewegte Beobachter seinerseits als Längenkontraktion des ruhenden Würfels interpretiert.

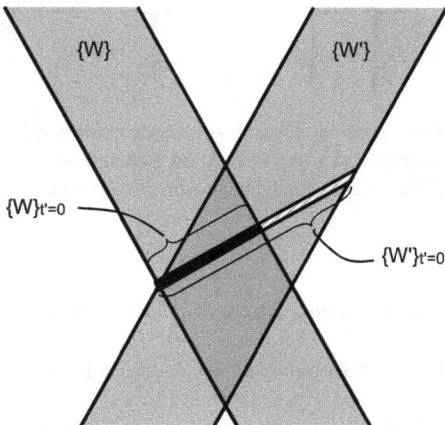

Abb. 19.11: Ein in der Mitte zwischen den beiden Würfelexistenzen {W} und {W′} ruhender Beobachter sieht beide sich mit Geschwindigkeit (+v/2) bzw. (−v/2) nach rechts bzw. links bewegen. Im nach rechts mitbewegten System ist zum Zeitpunkt t′ = 0 die lange Schnittfläche „der Würfel" {W′}$_{t′=0}$, demgegenüber der nach links bewegte Würfel {W}$_{t′=0}$ zur selben Zeit t′ (schwarze Schnittfläche) verkürzt erscheint. Aus der Spiegelsymmetrie der Situation wird sofort erkennbar, dass beide Würfelruhesysteme den jeweils anderen Würfel als verkürzt ansehen.

Bellsches Raketenparadoxon

In der Literatur werden verschiedene Folgerungen der Speziellen Relativitätstheorie als Paradoxien diskutiert, da sie der Anschauung zu widersprechen scheinen. Meistens erklärt sich die Paradoxie dabei durch die unterschiedlichen Definitionen der Gleichzeitigkeit im ruhenden und im bewegten System. Im Folgenden soll stellvertretend hierfür ein Gedankenexperiment betrachtet werden, das oft als Bellsches Raketenparadoxon bezeichnet wird, da es von John Bell bekannt gemacht worden ist.[31] Dieses Problem hat auch unter Fachleuten zu kontroversen Diskussionen geführt.[32]

Die Problemstellung lautet wie folgt: Gegeben seien wie in Abb. 19.12 dargestellt zwei baugleiche Raketen R1 und R2, die im Abstand a auf der x-Achse des zugehörigen Ruhesystems K (in dem alle folgenden Betrachtungen stattfinden) aufgestellt sind. Zu der Zeit t = 0 wird in beiden Raketen jeweils die erste Raketenstufe gezündet, die die Rakete in x-Richtung antreibt, bis sie eine konstante Endgeschwindigkeit v erreicht. Beide Beschleunigungsprozesse laufen völlig gleich ab, sodass sich der Abstand a der Raketen[33] offenbar nicht ändern kann und die Endgeschwindigkeit v für beide Raketen gleich ist.

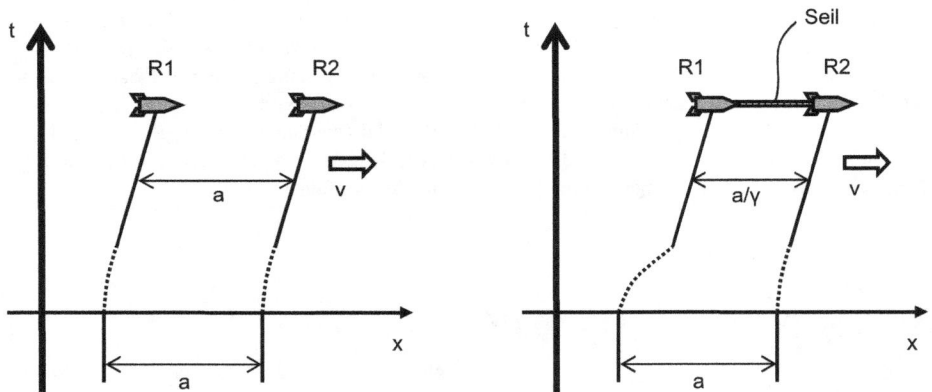

Abb. 19.12: Links: Die Raketen R1 und R2 sind unabhängig voneinander und werden gleichartig auf Geschwindigkeit v beschleunigt. Ihr Abstand a bleibt also unverändert. Rechts: Die Raketen sind durch ein (reißfestes) Seil verbunden. Der Abstand a verkürzt sich durch Längenkontraktion des Seils.

---

31 J. S. Bell, „How to teach special relativity", in: *Speakable and unspeakable in quantum mechanics*, Cambridge University Press (1987)

32 T. Matsuda, A. Kinoshita, *A Paradox of Two Space Ships in Special Relativity*, AAPPS Bulletin, February 2004

33 Präziser gesagt: Der Abstand a zwischen zwei vergleichbaren Punkten der Raketen, z. B. den Raketenspitzen. Der Abstand vom Ende der ersten zur Spitze der zweiten Rakete ändert sich dagegen sehr wohl aufgrund der Längenkontraktion der Raketen.

Bringt man nun vor dem Start ein Seil der Länge a zwischen zwei gleichartigen Punkten der Raketen an (z. B. zwischen den Spitzen), so sollte dieses nach dem Abbrennen des Triebwerks
- die Länge a behalten, da sich der Abstand der Raketenpunkte ja wie oben gesehen nicht ändern sollte;
- aufgrund der Längenkontraktion eine verkürzte Länge a/γ haben.

Diese Forderungen widersprechen sich, und es gibt hierfür folgende Lösungen:
- das Seil reißt, und der Abstand a zwischen den Raketen kann erhalten bleiben;
- das Seil reißt nicht und kontrahiert auf die Länge a/γ, wobei es die Raketen entsprechend zusammenzieht.

Ferner mag es noch Zwischenstufen geben, bei denen die Seillänge unter elastischer Dehnung einen Wert zwischen a und a/γ annimmt.

Das Gedankenexperiment zeigt sehr schön, dass die Längenkontraktion nicht nur ein subjektiver Effekt aufgrund der verschiedenen Perspektiven von verschiedenen Inertialsystemen ist, sondern reale Veränderungen in den Objekten beinhaltet. Es tritt auch nicht eine Längenkontraktion und Zeitdilatation einfach dadurch ein, dass man ein Raumgebiet gedanklich als bewegtes Inertialsystem auffasst. Beides erfordert vielmehr reale Objekte, die sich mit gleichförmiger Geschwindigkeit bewegen.

Ein wichtiger Punkt bei der Lösung des Bellschen Problems ist offenbar die Frage, ob zwischen betrachteten (und bewegten) Objekten irgendeine Art von physikalischer Kopplung vorliegt oder nicht. So wurden im ersten Fall (ohne Seil) die beiden Raketen als unabhängig voneinander angesehen, woraus folgt, dass sie sich unbeeinflusst voneinander und wechselwirkungsfrei bewegen konnten. Erst durch die Zwischenschaltung eines Seils entstand eine Kopplung.[34]

---

34 Es scheint allerdings fraglich zu sein, ob nicht auch im ersten Fall eine gewisse (schwache) Kopplung zwischen den Raketen anzunehmen ist, beispielsweise aufgrund wechselseitiger Anziehung durch Gravitation (Schwerkraft), und ob diese nicht doch zu einer Längenkontraktion des Raketenabstands a führt.

20 Folgerungen für die Geschwindigkeit von Objekten

Die Lichtgeschwindigkeit c als Obergrenze für Geschwindigkeiten

Die Lorentz-Transformation vergleicht zwei Inertialsysteme, die sich mit der Geschwindigkeit v relativ zueinander bewegen. Wenn v sich von kleinen Werten wachsend der Lichtgeschwindigkeit c immer mehr nähert, $v \rightarrow c$, divergiert der Faktor γ in der Lorentz-Transformation gegen unendlich. Der Fall $v = c$ ist daher offensichtlich nicht erfasst: Die Lichtgeschwindigkeit c kann von einem Inertialsystem bzw. materiellen Objekten nicht erreicht werden.

Man sieht dies auch an der Lichtuhr: Würden sich ihre Spiegel mit Lichtgeschwindigkeit ($v = c$) bewegen, so könnte das Lichtsignal den gegenüberliegenden Spiegel nie erreichen, die Zeit bliebe also quasi stehen.

Additionstheorem für Geschwindigkeiten

Wenn der in Abb. 20.1 dargestellte, in x-Richtung mit v bewegte Beobachter ein (ebenfalls in x-Richtung bewegtes) Objekt sieht, das sich für ihn mit der Geschwindigkeit u bewegt, welche Geschwindigkeit w hat das Objekt dann bezogen auf einen ruhenden Beobachter?

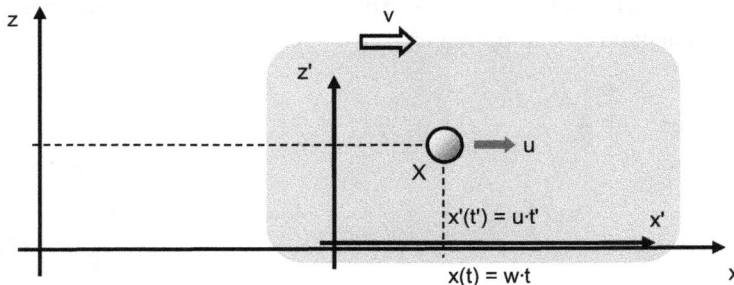

Abb. 20.1: Ein Objekt X bewegt sich mit Geschwindigkeit u relativ zum bewegten Beobachter (Koordinaten x', z'), der sich seinerseits mit Geschwindigkeit v gegenüber einem ruhenden Beobachter (Koordinaten x, z) bewegt. Gegenüber dem ruhenden Beobachter hat dann das Objekt X die Geschwindigkeit w. Anders als im klassischen Fall lässt sich w relativistisch jedoch nicht mit der einfachen Addition $w = u + v$ ausrechnen, da u mit bewegten Uhren und Maßstäben gemessen wurde, w dagegen mit ruhenden Uhren und Maßstäben gemessen werden soll. Die korrekte relativistische Antwort liefert das Additionstheorem für Geschwindigkeiten.

https://doi.org/10.1515/9783110737455-020

Klassisch ist die Antwort auf diese Frage einfach: Die Geschwindigkeit v des bewegten Beobachters würde sich zur von ihm gemessenen Objektgeschwindigkeit u addieren gemäß w = u + v.

Relativistisch würde eine solche Formel allerdings zu Geschwindigkeiten w größer als die Lichtgeschwindigkeit führen (z. B. für u = v = 0,6 · c wäre w = 1,2 · c > c), was jedoch für materielle Objekte nicht möglich ist. Da u und v mit verschiedenen Uhren und Maßstäben (nämlich des bewegten bzw. des ruhenden Beobachters) gemessen wurden, versagt die einfache Additionsformel. Die korrekte Formel für w ergibt sich dagegen wie folgt:

Die x′-Koordinate des bewegten Objekts bezüglich des bewegten Systems lautet:

$$x'(t') = u \cdot t' \, .$$

Umrechnung von x′ und t′ in x und t mithilfe der Lorentz-Transformation (Gl. (18.12)) ergibt hieraus:

$$\gamma \cdot (x - v \cdot t) = u \cdot \gamma \cdot \left(t - \frac{v \cdot x}{c^2} \right) \, .$$

Aufgelöst nach x ergibt dies:

$$x = \frac{u + v}{1 + \dfrac{u \cdot v}{c^2}} \cdot t = w \cdot t \, .$$

Daher ist die gesuchte Formel:

Additionstheorem für (parallele) Geschwindigkeiten:

$$w = \frac{u + v}{1 + \dfrac{u \cdot v}{c^2}} \, . \tag{20.1}$$

Bewegt sich etwas (z. B. ein Photon) mit Lichtgeschwindigkeit, also u = c, so misst der ruhende Beobachter:

$$w = \frac{c + v}{1 + \dfrac{c \cdot v}{c^2}} = \frac{c + v}{1 + \dfrac{v}{c}} = c \cdot \frac{c + v}{c + v} = c \, .$$

Die Lichtgeschwindigkeit erweist sich somit korrekterweise als Obergrenze, deren Messung von allen Inertialsystemen aus denselben Wert ergibt.

Zu beachten ist, dass das Additionstheorem hier nur für Geschwindigkeiten hergeleitet wurde, die zueinander parallel sind. Falls die im bewegten System beobachtete Geschwindigkeit w Anteile senkrecht zur Geschwindigkeit v des Systems hat, gilt eine andere (ähnliche) Formel.

21 Vierervektoren

Die vierdimensionale Raumzeit hat sich als die geeignete Bühne zur Beschreibung der physikalischen Welt erwiesen. Nach Festlegung eines vierdimensionalen kartesischen Koordinatensystems lässt sich auf dieser Bühne jedem Punkt – d. h. jedem Ereignis – ein vierdimensionaler Satz (ct, x, y, z) bzw. (x_0, x_1, x_2, x_3) von Koordinaten zuordnen. Diese Koordinatensätze bilden mathematisch gesehen vierdimensionale Vektoren $\underline{x}$ = (ct, x, y, z), da mit ihnen eine Addition und eine Multiplikation mit beliebigen Zahlen β (Skalaren) definiert werden kann gemäß

$$\underline{x}_1 + \underline{x}_2 = (ct_1, x_1, y_1, z_1) + (ct_2, x_2, y_2, z_2) := (ct_1 + ct_2, x_1 + x_2, y_1 + y_2, z_1 + z_2)$$

$$\beta \cdot \underline{x}_1 = \beta \cdot (ct_1, x_1, y_1, z_1) := (\beta \cdot ct_1, \beta \cdot x_1, \beta \cdot y_1, \beta \cdot z_1) \,.$$

Man kann nun statt des ursprünglichen Koordinatensystems K ein hierzu verschobenes und/oder gedrehtes und/oder gleichförmig bewegtes Koordinatensystem K' verwenden und wird dann für dieselben Ereignisse andere Koordinaten bzw. Vektoren $\underline{x}'$ = (ct', x', y', z') erhalten. Allerdings weiß man, wie die Koordinaten ineinander umzurechnen (zu transformieren) sind, nämlich mithilfe einer Lorentz-Transformation. Diese ist oben konkret berechnet worden für den Fall einer Bewegung in x-Richtung mit gleichförmiger Geschwindigkeit v und ohne Drehung der Achsen oder Verschiebung des Ursprungs. Diese spezielle Lorentz-Transformation ist formal beschreibbar als Multiplikation des zu transformierenden Vektors $\underline{x}$ mit der Transformationsmatrix **L** gemäß

$$\underline{x}' = \begin{pmatrix} ct' \\ x' \\ y' \\ z' \end{pmatrix} = \mathbf{L} \cdot \underline{x} = \begin{pmatrix} \gamma & (-\frac{v}{c})\gamma & 0 & 0 \\ (-\frac{v}{c})\gamma & \gamma & 0 & 0 \\ 0 & 0 & 1 & 0 \\ 0 & 0 & 0 & 1 \end{pmatrix} \cdot \begin{pmatrix} ct \\ x \\ y \\ z \end{pmatrix} \,.$$

Man bezeichnet nun vierdimensionale Zahlensätze $\underline{a}$ = (a_0, a_1, a_2, a_3) als **Vierervektoren**, wenn sie physikalische Größen repräsentieren und bei einem Wechsel des raumzeitlichen Koordinatensystems (d. h. der Vektorraumbasis) mit der zugehörigen Lorentz-Transformation transformiert werden, d. h. gemäß

$$\underline{a}' = \mathbf{L} \cdot \underline{a} \,. \tag{21.1}$$

Neben dem Ereignisvektor $\underline{x}$ eines Ereignisses in der vierdimensionalen Raumzeit ist die Differenz $\Delta\underline{x}$ = $(\underline{x}_1 - \underline{x}_2)$ zweier Ereignisvektoren ein weiteres Beispiel eines Vierervektors, denn

$$\Delta\underline{x}' = \underline{x}_1' - \underline{x}_2' = \mathbf{L} \cdot \underline{x}_1 - \mathbf{L} \cdot \underline{x}_2 = \mathbf{L} \cdot (\underline{x}_1 - \underline{x}_2) = \mathbf{L} \cdot \Delta\underline{x} \,.$$

Wenn man nun in einem Inertialsystem K eine Gesetzmäßigkeit allein als Linearkombination von Vierervektoren $\underline{a}$, $\underline{b}$, $\underline{c}$, ... formulieren kann, also z. B. (α, β, δ reelle Zahlen)

$$\alpha \cdot \underline{a} + \beta \cdot \underline{b} + \delta \cdot \underline{c} = 0 \,,$$

https://doi.org/10.1515/9783110737455-021

so weiß man automatisch, dass diese Beziehung auch in allen anderen Inertialsystemen gilt, denn

$$\alpha \cdot \underline{a}' + \beta \cdot \underline{b}' + \delta \cdot \underline{c}' = \alpha \cdot \mathbf{L} \cdot \underline{a} + \beta \cdot \mathbf{L} \cdot \underline{b} + \delta \cdot \mathbf{L} \cdot \underline{c} = \mathbf{L} \cdot (\alpha \cdot \underline{a} + \beta \cdot \underline{b} + \delta \cdot \underline{c})$$
$$= \mathbf{L} \cdot 0 = 0 \, .$$

Man spricht in diesem Fall davon, dass die gefundene Gesetzmäßigkeit kovariant ist (sie transformiert sich nämlich in derselben Weise wie die Basis des zugrunde liegenden Koordinatensystems) oder auch forminvariant, da sie in den verschiedenen Inertialsystemen dieselbe Form behält. Man weiß somit, dass man ein allgemeines Naturgesetz gefunden hat und nicht nur eine Besonderheit, die in einem einzigen Koordinatensystem gilt.

Die obigen Überlegungen führen zu der Forderung, dass allgemeingültige bzw. mit der Speziellen Relativitätstheorie verträgliche Naturgesetze mithilfe von Viervektoren formuliert werden sollten.

22 Invarianten

Vierervektoren sind Größen, die sich gemäß der zugehörigen Lorentz-Transformation von einem Koordinatensystem K in ein dazu gleichförmig bewegtes Koordinatensystem K' transformieren. Noch einfacher sind physikalische Größen, die in allen Inertialsystemen denselben Wert haben: die sogenannten **Invarianten.**

Der räumliche Abstand

$$d = \sqrt{\Delta x^2 + \Delta y^2 + \Delta z^2}$$

zwischen zwei Ereignissen $\underline{x}_1 = (ct_1, x_1, y_1, z_1)$ und $\underline{x}_2 = (ct_2, x_2, y_2, z_2)$ gehört, anders als im klassischen Fall, nicht zu den Invarianten, denn er unterliegt der Längenkontraktion. Auch die Zeitdifferenz $\Delta t = t_2 - t_1$ zwischen den Ereignissen ist keine Invariante, denn sie unterliegt der Zeitdilatation.

Die folgende Kombination aus Zeitdifferenz und räumlichem Abstand erweist sich dagegen als Invariante (die unterstrichenen Terme heben sich auf):

$$(c\Delta t')^2 - \Delta x'^2 - \Delta y'^2 - \Delta z'^2 = c^2\gamma^2 \cdot \left(\Delta t - \frac{v \cdot \Delta x}{c^2}\right)^2 - \gamma^2 \cdot (\Delta x - v \cdot \Delta t)^2 - \Delta y^2 - \Delta z^2$$

$$= c^2\gamma^2 \cdot \left(\Delta t^2 - 2\frac{v \cdot \Delta x}{c^2} \cdot \Delta t + \left(\frac{v \cdot \Delta x}{c^2}\right)^2\right)$$

$$- \gamma^2 \cdot \left(\Delta x^2 - 2 \cdot v \cdot \Delta t \cdot \Delta x + (v \cdot \Delta t)^2\right) - \Delta y^2 - \Delta z^2$$

$$= \gamma^2 \cdot \left(\left(1 - \frac{v^2}{c^2}\right) \cdot c^2 \cdot \Delta t^2 - \left(1 - \frac{v^2}{c^2}\right) \cdot \Delta x^2\right) - \Delta y^2 - \Delta z^2$$

$$= (c\Delta t)^2 - \Delta x^2 - \Delta y^2 - \Delta z^2$$

Da für den Nachweis nur die Lorentz-Transformation von $\Delta \underline{x}$ verwendet wurde, gilt das Ergebnis allgemein für jeden Vierervektor:

Ist $\underline{a} = (a_0, a_1, a_2, a_3)$ ein Vierervektor, so ist die Größe $a_0^2 - a_1^2 - a_2^2 - a_3^2$ eine Invariante, hat also in allen Inertialsystemen denselben Wert.

Für zwei Ereignisvektoren $\underline{x}_1 = (ct_1, x_1, y_1, z_1)$ und $\underline{x}_2 = (ct_2, x_2, y_2, z_2)$ ist die Größe

$$\Delta s^2 = (c\Delta t)^2 - \Delta x^2 - \Delta y^2 - \Delta z^2$$

ein in allen Inertialsystemen gleich bestimmtes Maß für den Abstand zwischen den zwei Ereignisvektoren, der aber anders als der übliche Euklidische Abstand des dreidimensionalen Raums für verschiedene Ereignisvektoren $\underline{x}_1 \neq \underline{x}_2$ auch Null oder sogar negativ werden kann. Für $\Delta s^2 \geq 0$ kann die Wurzel gezogen werden, und die Größe

$$\Delta s = \sqrt{\Delta s^2} = \sqrt{(c\Delta t)^2 - \Delta x^2 - \Delta y^2 - \Delta z^2}$$

wird dann als der Abstand oder das Intervall zwischen den beiden Ereignissen bezeichnet.

https://doi.org/10.1515/9783110737455-022

Stammen die beiden Ereignisvektoren $\underline{x}_1, \underline{x}_2$ von der Weltlinie eines Teilchens und ist das Koordinatensystem K dessen (momentanes bzw. begleitendes) Ruhesystem, so ist $\Delta x = \Delta y = \Delta z = 0$ und damit

$$\Delta s^2 = (c\Delta t)^2 \geq 0 \, .$$

Der Abstand Δs zwischen zwei Ereignissen von der Weltlinie des Teilchens entspricht also dem *in seinem Ruhesystem* auf einer mitgeführten Uhr abgelesenen Zeitabstand Δt. Dieser wird auch als die Eigenzeit des Teilchens bezeichnet und zur Unterscheidung von der in einem beliebigen Koordinatensystem gemessenen Zeit t mit dem Buchstaben τ gekennzeichnet. Das in seiner Eigenzeit gemessene Alter T eines Teilchens berechnet sich dann durch das Integral

$$T = \int d\tau \, .$$

Da ds bzw. $d\tau$ eine Invariante ist (die Eigenzeit wird immer im zugehörigen Ruhesystem des Teilchens bestimmt, nimmt also an einer Koordinatentransformation gar nicht teil), ist auch das so bestimmte Alter des Teilchens eine invariante Größe.

Man kann die invariante Eigenzeit τ nun verwenden, um aus Vierervektoren neue Vierervektoren zu konstruieren. Beispielsweise lässt sich die Weltlinie eines Teilchens durch eine Kurve

$$t \mapsto \underline{x}(t) = (ct, x(t), y(t), z(t))$$

beschreiben, bei der jedem Zeitpunkt t (in einem beliebigen gegebenen Koordinatensystem gemessen) der Vierervektor $\underline{x}(t)$ des jeweiligen Aufenthaltsorts des Teilchens zugeordnet wird. Um hieraus die Geschwindigkeit des Teilchens zu berechnen, kann man nach der Koordinatenzeit t ableiten und erhält:

$$\underline{V}(t) = \frac{d\underline{x}}{dt} = (c, \dot{x}(t), \dot{y}(t), \dot{z}(t)) \, .$$

Hierbei handelt es sich allerdings nicht um einen Vierervektor, denn $\underline{V}$ transformiert sich nicht mit der Lorentz-Transformation bzw. der zugehörigen Transformationsmatrix **L**; dies liegt daran, dass sich zwar der Ereignisvektor $\underline{x}$ mit **L** transformiert, gleichzeitig jedoch auch dt gemäß den Lorentz-Transformationen in dt' umgerechnet werden muss. Daher erhält man für die Geschwindigkeit $\underline{V}'$ in einem anderen Inertialsystem im Allgemeinen (mit $dt/dt' = \gamma$, s. Lorentz-Transformation)

$$\underline{V}'\left(t'\right) = \frac{d\underline{x}'}{dt'} = \frac{d}{dt'}(\mathbf{L} \cdot \underline{x}) = \mathbf{L} \cdot \frac{d\underline{x}}{dt'} = \mathbf{L} \cdot \frac{d\underline{x}}{dt} \cdot \frac{dt}{dt'} = \mathbf{L} \cdot \underline{V} \cdot \gamma \neq \mathbf{L} \cdot \underline{V} \, .$$

Wenn man allerdings die Weltlinie des betrachteten Teilchens durch dessen Eigenzeit τ parametrisiert, kann man die Vierergeschwindigkeit $\underline{v}$ definieren, die sich aufgrund der Invarianz von $d\tau$ wie ein Vierervektor transformiert:

$$\underline{v}(t) := \frac{d\underline{x}}{d\tau} \quad \Rightarrow \quad \underline{v}'\left(t'\right) = \frac{d\underline{x}'}{d\tau} = \frac{d}{d\tau}(\mathbf{L} \cdot \underline{x}) = \mathbf{L} \cdot \frac{d\underline{x}}{d\tau} = \mathbf{L} \cdot \underline{v}(t) \, .$$

Für die Aufstellung von Naturgesetzen, die mit der speziellen Relativitätstheorie verträglich sind, wird man daher mit der Vierergeschwindigkeit $\underline{v}$ arbeiten und hieraus beispielsweise den Viererimpuls $\underline{p} = m \cdot \underline{v}$ berechnen.

23 Ein Stabilitätsmodell

Im Folgenden soll ein einfaches Modell erläutert werden, das Zeitdilatation und Längenkontraktion mit Stabilitätserwägungen motiviert (und damit die Lorentz-Transformation sowie das Relativitätsprinzip). Das Modell erhebt keinen Anspruch, eine Beschreibung der Realität zu sein, sondern dient nur der Veranschaulichung der Effekte der Speziellen Relativitätstheorie und vielleicht auch als Denkanstoß. Es beruht auf den folgenden Annahmen (Abb. 23.1):

1. Die Welt besteht aus räumlich verteilten, im Wesentlichen punktförmigen *Elementarobjekten* (z. B. Elementarteilchen, Feldzustände etc.).

2. Die Elementarobjekte tauschen untereinander mit Lichtgeschwindigkeit *Wechselwirkungen* aus, wobei die Lichtgeschwindigkeit sich auf ein gegebenes Inertialsystem $K_{\ddot{A}}$ bezieht[35]. Alle beobachtbaren Vorgänge beruhen auf derartigen Wechselwirkungen, sie stellen gewissermaßen den Kitt zwischen den Elementarobjekten dar.

3. Ein aus Elementarobjekten gebildetes Objekt (Atom, Molekül, Tisch, Planet etc.) ist *stabil*, wenn die Elementarobjekte ihre Wechselwirkungen nach einer bestimmten zeitlichen Abfolge („Choreografie") austauschen.

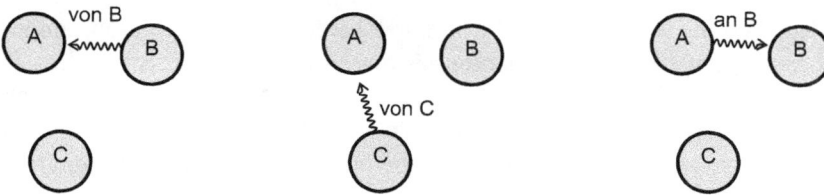

Abb. 23.1: Stabilitätsmodell: Drei aufeinanderfolgende Takte im Objekt, das aus den drei Elementarobjekten A, B und C gebildet ist. Für Elementarobjekt A ergibt sich folgendes Protokoll der Wechselwirkungen: (...; von B; von C; an B; ...)$_A$. Bewegen sich alle drei Elementarobjekte mit gleicher Geschwindigkeit v nach rechts, so müssen sie um den Faktor 1/γ in dieser Richtung näher zusammenrücken, damit die Abfolge der Wechselwirkungen und damit die Stabilität des gebildeten Objekts erhalten bleibt. Die Längenkontraktion würde daher aus der Stabilität des Objektes folgen.

Die dritte Annahme bedeutet beispielsweise für ein aus drei Elementarobjekten A, B und C zusammengesetztes Objekt folgendes: Für jedes der Elementarobjekte lässt sich ein Protokoll der empfangenen und der abgesandten Wechselwirkungen aufstellen.

---

35 Ä wie Äther.

https://doi.org/10.1515/9783110737455-023

Für A könnte dies beispielsweise wie folgt lauten:

(..., Wechselwirkung von B erhalten; Wechselwirkung von C erhalten;

Wechselwirkung an B gesandt; Wechselwirkung von B erhalten; ...)$_A$

oder kürzer: (...; von B; von C; an B; von B; ...)$_A$.

Natürlich müssen die Protokolle aller Elementarobjekte zueinander passen, also sich wie folgt verbinden lassen:

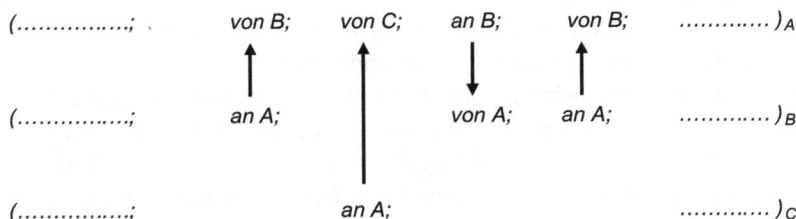

(................;   *von B;*   *von C;*   *an B;*   *von B;*   ....)$_A$

                        ↑   ↑   ↓   ↑

(................;   *an A;*   *von A;*   *an A;*   ....)$_B$

(................;   *an A;*   ....)$_C$

Bewegt sich nun das Gesamtobjekt {A, B, C} mit Geschwindigkeit v in x-Richtung, während die Wechselwirkungen sich weiterhin mit Lichtgeschwindigkeit c relativ zum System $K_{\bar{A}}$ ausbreiten, so gerät die Choreografie außer Takt. Damit weiterhin ein stabiles Objekt beobachtet wird, muss gemäß obiger Annahme 3 die zeitliche Abfolge wiederhergestellt werden. Dies gelingt, indem die x-Abstände der Elementarobjekte A, B, C mit dem Faktor $\gamma = (1 - v^2/c^2)^{-1/2}$ verkürzt werden, die Elementarobjekte also entsprechend zusammenrücken. Der Beweis hierfür ist analog zur Erklärung des Michelson-Morley-Experiments durch die Lorentz-Kontraktion. Die Forderung nach einer Stabilität der Objekte führt somit zwangsläufig zur Längenkontraktion.

Eine Zeitdilatation enthält das Modell darüber hinaus automatisch aufgrund der zweiten Annahme, da der Zeitablauf der Geschehnisse von den Wechselwirkungen erzeugt wird, die sich jedoch bei einer Bewegung analog zum Ticken einer Lichtuhr in die Länge ziehen.

Teil IV: **Masse und Energie**

https://doi.org/10.1515/9783110737455-part04

In den bisherigen Betrachtungen ging es im Wesentlichen nur um **Kinematik**, d. h. rein räumliche und zeitliche Beziehungen zwischen Objekten. Nachfolgend sollen einige Aspekte der **Dynamik** angesprochen werden. Hierbei sind Wechselwirkungen einbezogen, bei denen die Objekte mit Kräften (was immer das ist) aufeinander wirken und Energie (was immer das ist) austauschen. Diese Aspekte wurden oben schon einmal gestreift, als es darum ging, Inertialsysteme bzw. Trägheitsbewegungen zu definieren.

24 Klassischer Massebegriff

Newtons zweites Gesetz F = m · a

Von einer **Kraft** und ihrer Wirkung haben wir durch unsere Muskelkraft eine intuitive Vorstellung. Es ist plausibel anzunehmen, dass das Ende einer gespannten Spiralfeder auf ein damit gekoppeltes Objekt eine solche Kraft (übliches Symbol: F) ausübt. Diese kann beispielsweise zu einer beobachtbaren Verformung oder Zerstörung des Objekts führen. Wenn das Objekt frei beweglich ist (also nirgendwo an andere Objekte gekoppelt), kann man beobachten, dass es sich unter der Wirkung der Kraft in Bewegung setzt. Eine systematische Untersuchung dieses Vorgangs liefert folgende experimentelle Fakten (Abb. 24.1):

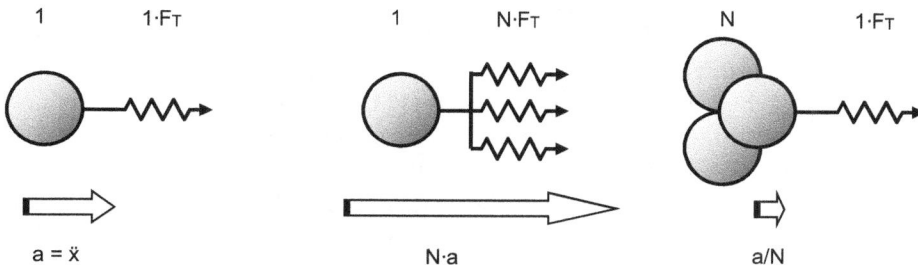

Abb. 24.1: Links: Wenn auf ein Testobjekt eine Testkraft F_T wirkt, resultiert daraus eine Beschleunigung a des Testobjekts. Mitte: Wirken N gleichartige Testkräfte F_T, führt dies zu einer N-fachen Beschleunigung. Rechts: Wirkt die Testkraft F_T auf N Testobjekte, so beträgt die Beschleunigung nur ein N-tel. Man kann diese Beobachtungen durch die Beziehung F = m · a zusammenfassen, wobei man die Kraft F in Vielfachen der Testkraft F_T misst und den Trägheitswiderstand bzw. die träge Masse m in Vielfachen des Testobjekts. Die gefundene Beziehung wird dabei zur Definition der Kraft F bzw. der trägen Masse m verwendet. Ein Naturgesetz wird hieraus, da diese auf Testobjekt und Testkraft basierenden Definitionen auf beliebige Kräfte und Objekte angewendet werden können und (überraschenderweise) zwischen diesen weiterhin die Beziehung F = m · a gilt.

–   Solange die Testkraft F wirkt, kommt es zu einer Beschleunigung a des Testobjekts, also einer immer schneller werdenden Bewegung (man muss dabei die Feder mitbewegen, damit ihre Dehnung nicht zurückgeht und damit man annehmen kann, dass fortdauernd eine Testkraft F derselben Größe wirkt).
–   Verdoppelt (allgemein: N-fach) man die Kraft, indem man zwei (N) baugleiche Federn mit gleicher Testkraft auf das Objekt wirken lässt, so verdoppelt (N-fach) sich auch die beobachtete Beschleunigung. Man kann daraus schließen, dass die Beschleunigung a der wirkenden Kraft proportional ist, a ~ F. Durch Einführung eines Proportionalitätsfaktors k wird dies zur Gleichung k · a = F, wobei die Größe der Kraft F zunächst in ganzen Vielfachen der gewählten Spiralfederkraft gemes-

https://doi.org/10.1515/9783110737455-024

sen wird. Die Proportionalität kann man dann jedoch ausnutzen, um die Größe beliebiger Kräfte F, die von Spiralfedern oder ganz anderen Agenzien ausgeübt werden, messbar zu machen, indem man diese auf das Testobjekt wirken lässt und die resultierende Beschleunigung misst. Somit wird die für einige spezielle Spiralfedern experimentell bestätigte Gesetzmäßigkeit zur verallgemeinernden Kraftdefinition verwendet gemäß[36]

$$F := k \cdot a \,.$$

- Die vorgenommene Definition hängt noch ganz vom willkürlich gewählten Testobjekt ab. Für ein anderes Testobjekt kann (und wird) man einen anderen Proportionalitätsfaktor k* erhalten. Doch auch hier lässt sich eine einfache Gesetzmäßigkeit feststellen: Verdoppelt (allgemein: N-fach) man das Testobjekt, indem man zwei baugleiche Testobjekte fest miteinander koppelt und hierauf die Testkraft wirken lässt, so beträgt die beobachtete Beschleunigung nur noch die Hälfte (ein N-tel). Die Objekte scheinen also einen Widerstand gegen die beschleunigende Wirkung einer Kraft zu besitzen, der zur Größe des Objekts proportional ist.[37] Dieser Trägheitswiderstand wird als (träge) **Masse** des Objekts bezeichnet und mit dem Buchstaben m symbolisiert, der den oben eingeführten Proportionalitätsfaktor k ablöst. Die zunächst nur für die Masse von Testobjekten (als Vielfaches eines Testobjekts) aufgestellte Beziehung F = m · a lässt sich dann wiederum verallgemeinern, um die Masse beliebiger Objekte zu definieren. Dass dies widerspruchsfrei möglich ist, beruht wiederum nicht auf einem Zirkelschluss, sondern auf einer zugrunde liegenden Gesetzmäßigkeit.

Die geschilderten Überlegungen haben zum **zweiten Newtonschen Gesetz**

$$Kraft = Masse \cdot Beschleunigung$$
$$F = m \cdot a$$

geführt, wobei dessen definierende und gesetzmäßige Anteile klarer hervorgetreten sein sollten. Jedenfalls tritt in diesem Gesetz die Masse von Objekten als deren Trägheitswiderstand auf, gegen den unter der Wirkung einer Kraft F zur Erzielung einer Beschleunigung a anzukämpfen ist.

---

[36] Das beschriebene Vorgehen ist ein Beispiel dafür, dass man zunächst anhand von Testobjekten bestimmte Begriffe (hier: Kraft) definieren muss, um unter Rückgriff hierauf dann zu Gesetzen zu kommen. Dass eine Verallgemeinerung der Definitionen auf beliebige Objekte widerspruchsfrei durchführbar ist, ist letztlich der Beleg dafür, dass man keinen Zirkelschluss vorgenommen hat (etwa der Art, dass man die Größe von Kräften durch ihre Proportionalität zur Beschleunigung definiert, um dann das Gesetz zu finden, dass die Beschleunigung proportional zur Kraft ist).

[37] Wobei die Größe anschaulich über die Menge an vorhandenem Material definiert werden kann, also beispielsweise durch die Anzahl der im Objekt enthaltenen Elementarteilchen.

Stoßvorgänge

Durch die Betrachtung von Stößen zwischen Objekten kann man auf eine andere Art zum selben Begriff der trägen Masse kommen. Anders als bei dem Weg über das zweite Newtonsche Gesetz $F = m \cdot a$ müssen Kräfte dabei nicht explizit betrachtet werden, wenngleich sie im Hintergrund eine wichtige Rolle spielen, um die Masseeigenschaft eines Objekts sichtbar zu machen.

Das Grundszenario besteht darin, dass zwei Objekte (meistens als Kugeln dargestellt) sich mit gegebenen, gleichförmigen Geschwindigkeiten aufeinander zu bewegen und zusammenstoßen. Für die Art des Zusammenstoßes gibt es dann zwei Grenzfälle:

Vollkommen elastischer Stoß: Außer der Änderung der Bewegungen finden keine anderen Veränderungen in den Objekten und der Umgebung statt. Üblicherweise drückt man dies dadurch aus, dass keine Umwandlung der Bewegungsenergie der Kugeln in andere Energien (Wärme, Schall, Verformung etc.) stattgefunden haben soll – was allerdings voraussetzt, dass man den Begriff der Energie bereits zur Verfügung hat.

Vollkommen inelastischer Stoß: Die Objekte bleiben aneinander haften und bewegen sich nach dem Stoß gemeinsam weiter. In der Sprache der Energie wird hier der maximal mögliche Betrag an kinetischer Energie in andere Energieformen umgewandelt.

Reale Stöße sind typischerweise eine Mischform aus diesen beiden Grenzfällen.

Weiterhin bilden die sogenannten zentralen Stöße einen gut zu behandelnden Sonderfall. Dieser liegt beispielsweise vor, wenn die Geschwindigkeiten der Objekte vor dem Stoß auf einer gemeinsamen Geraden liegen und die gesamte Versuchsanordnung (inklusive der Körpergeometrie) um diese Gerade rotationssymmetrisch ist.

Eine systematische Untersuchung des vollkommen inelastischen, zentralen Stoßes liefert nun folgende experimentelle Fakten (Abb. 24.2):

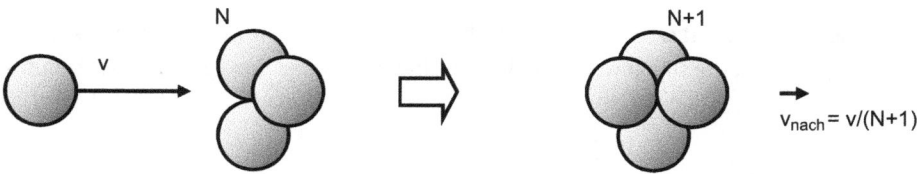

Abb. 24.2: Vollkommen inelastischer, zentraler Stoß: Wenn ein Testobjekt mit der Geschwindigkeit v auf N ruhende gleichartige Testobjekte stößt und sich alle $(N + 1)$ Testobjekte nach dem Stoß gemeinsam aneinander klebend weiterbewegen, tun sie dies mit der Geschwindigkeit $v_{nach} = v/(N+1)$. Das Verhältnis der Geschwindigkeiten nach und vor dem Stoß lässt sich daher verwenden, um eine Massenskala von Objekten aufzustellen.

- Stößt ein mit der Geschwindigkeit v bewegtes Testobjekt auf ein gleichartiges ruhendes Testobjekt, so bewegen sich beide nach dem Stoß mit dem halben Geschwindigkeitsbetrag $v_{nach} = v/2$ in Richtung der Geschwindigkeit v weiter.
- Allgemeiner gilt: Stößt ein mit der Geschwindigkeit v bewegtes Testobjekt auf N gleichartige ruhende (und miteinander verbundene) Testobjekte, so bewegen sich die (N + 1) Testobjekte nach dem Stoß mit dem Geschwindigkeitsbetrag $v_{nach} = v/(N + 1)$ in Richtung der Geschwindigkeit v weiter. Die Geschwindigkeit v_{nach} nach dem Stoß ist demnach offenbar umgekehrt proportional der Größe des durch den Stoß gebildeten Gesamtobjekts. Der Proportionalitätsfaktor wird als (träge) **Masse** des Gesamtobjekts bezeichnet und mit dem Buchstaben m symbolisiert, wobei m zunächst nur eine Zahl ist, die für das Vielfache des Testobjekts steht. Dies ergibt folgende Beziehung: $v_{nach} = v/m$.
- Die zunächst nur für die Masse von Testobjekten (als Vielfaches eines Testobjekts) aufgestellte Beziehung $v_{nach} = v/m$ lässt sich verallgemeinern, um aus der Messung der Geschwindigkeit v_{nach} nach einem Stoß die Masse beliebiger Objekte zu definieren als

$$m := \frac{v}{v_{nach}} .$$

Es zeigt sich, dass eine solche Verallgemeinerung widerspruchsfrei möglich ist, d. h., dass man ausgehend von verschiedenen Testobjekten miteinander konsistente Massenskalen erhält. Man kann daher ein ausgewähltes Testobjekt beispielsweise als die Masse ein Kilogramm definieren und erhält auf diese Weise eine Massenskala in der Einheit Kilogramm.

Impulserhaltungssatz

Wenn man allen Objekten mit einem der oben beschriebenen Verfahren einen Massenwert m_i (basierend auf einer vorgegebenen Einheitsmasse, z. B. dem Kilogramm) zugeordnet hat, kann man folgendes Gesetz der klassischen Mechanik finden bzw. formulieren:

Impulserhaltungssatz: In einem abgeschlossenen System[38] von N Objekten der Masse $m_1, m_2, \ldots m_N$, die sich jeweils mit der Geschwindigkeit $\underline{u_i}$ bewegen, ist der Gesamt-

---

[38] In einem abgeschlossenen System finden nur Wechselwirkungen der Objekte untereinander statt, nicht mit Dingen außerhalb des Systems.

impuls $\underline{P}$ zeitlich unverändert:[39]

$$\underline{P} = \sum_{i=1}^{N} m_i \cdot \underline{u_i} = \text{konstant}$$

Die Größe

$$\underline{p_i} = m_i \cdot \underline{u_i}$$

bezeichnet man als den **Impuls** des Objekts i bzw. den Impuls der Masse m_i.

Der Impulserhaltungssatz ist ein fundamentales Naturgesetz. Er kann in der klassischen Mechanik aus den drei Newtonschen Axiomen hergeleitet werden. Des Weiteren hat Emmy Noether einen fundamentalen Zusammenhang der Impulserhaltung mit der Homogenität des Raums bewiesen.

---

[39] Der Strich unter dem Gesamtimpuls $\underline{P}$ bzw. der Geschwindigkeit $\underline{u_i}$ zeigt wieder an, dass es sich hierbei um einen (dreidimensionalen) Vektor handeln soll, d. h. eine Größe mit drei unabhängigen Komponenten für die drei Richtungen des Raums: $\underline{P} = (P_x, P_y, P_z)$. Vektoren erlauben eine kompakte Schreibweise dafür, dass der Impulserhaltungssatz für alle drei Raumrichtungen separat gilt.

25 Relativistischer Massebegriff

Ruhemasse $m_0 = m(0)$

In einer relativistischen Dynamik kann man die Masse eines Objekts ähnlich wie im klassischen Fall als ihren Trägheitswiderstand gegenüber der Beschleunigung durch Kräfte oder äquivalent über Stoßversuche definieren bzw. bestimmen. Da allerdings kein Objekt schneller als die Lichtgeschwindigkeit werden kann, kann man vermuten (und in Experimenten beobachten), dass der Trägheitswiderstand mit zunehmender Geschwindigkeit des Objekts wächst. Mit anderen Worten: Die Masse eines Objekts wird keine von der Geschwindigkeit unabhängige Konstante sein, sondern vorsichtshalber als eine Größe angesetzt, die von der Geschwindigkeit u (genauer gesagt dem Geschwindigkeitsbetrag in Bezug auf ein gegebenes Inertialsystem) des Objekts abhängt: $m = m(u)$.

Die sogenannte **Ruhemasse** $m_0 = m(0)$ eines ruhenden Objekts lässt sich dabei wie oben im klassischen Fall ermitteln aus der Beschleunigung a, die eine Kraft F auf das ruhende Objekt ausübt gemäß $m_0 = F/a$. Alternativ kann man sie auch aus Stoßversuchen ermitteln, bei denen die Geschwindigkeiten u_i vor dem Stoß klein sind (Grenzwert $u_i \rightarrow 0$).

Bewegte Masse m(u)

Nun soll die (hier zunächst hypothetisch angenommene) Abhängigkeit der Masse von dem Geschwindigkeitsbetrag u des Objekts hergeleitet werden, also eine Funktion $m = m(u)$.[40] Dazu wird ein gesetzmäßiger Zusammenhang benötigt, in dem die Masse $m(u)$ auftritt. Dieser findet sich in dem wie folgt verallgemeinerten Impulssatz, dessen Gültigkeit auch für die relativistische Dynamik gefordert wird (und experimentell bestätigt wurde):

$$\underline{P} = \sum_{i=1}^{N} m_i \left(|\underline{u}_i| \right) \cdot \underline{u}_i = \text{konstant} .$$

Betrachtet wird sodann wieder ein vollkommen inelastischer zentraler Stoß zwischen zwei gleichartigen Objekten, z. B. zwei baugleichen Kugeln A und B der Ruhemassen $m_A(0) = m_B(0) = m_0$. Vollkommen inelastisch heißt dabei, dass sich die Objekte nach dem Stoß gemeinsam weiterbewegen (z. B. können sie aneinander haften).

Von einem ersten Inertialsystem aus gesehen mögen sich die Kugeln gemäß Abb. 25.1 vor dem Stoß mit den Geschwindigkeiten u_A bzw. u_B auf einer Linie auf-

---

40 Die folgenden Herleitungen basieren in Teilen auf der entsprechenden Darstellung in Max Born, *Die Relativitätstheorie Einsteins*, Springer Verlag 1964.

https://doi.org/10.1515/9783110737455-025

einander zu bewegen. Das nach dem Stoß aus den beiden Kugeln gebildete Objekt bewege sich mit der Geschwindigkeit $\overline{u}$, und seine Masse sei $M(\overline{u})$.

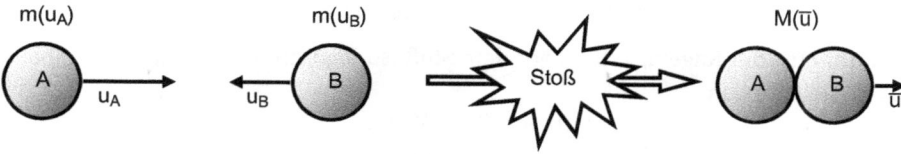

Abb. 25.1: Vollkommen inelastischer, zentraler Stoß in relativistischer Betrachtung mit geschwindigkeitsabhängigen Massen, von einem ersten Inertialsystem aus gesehen.

Der Vorgang werde nun gemäß Abb. 25.2 beschrieben in einem zweiten Inertialsystem, das sich mit einer Geschwindigkeit w senkrecht zu u_A, u_B, und $\overline{u}$ nach unten bewege. In diesem System haben alle Objekte noch eine Geschwindigkeitskomponente w nach oben, die sich vektoriell[41] zu der horizontalen Komponente addiert zur resultierenden Objektgeschwindigkeit v_A, v_B, und $\overline{v}$.

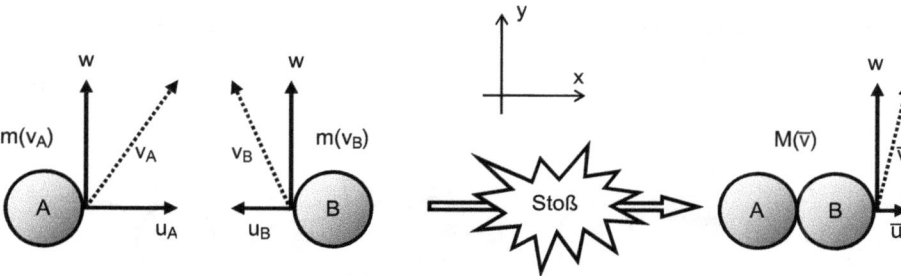

Abb. 25.2: Der vollkommen inelastische, zentrale Stoß von einem zweiten Inertialsystem aus gesehen, das sich mit der Geschwindigkeit (–w) senkrecht zur Bewegungsrichtung der Objekte nach unten bewegt.

Der Impulserhaltungssatz gilt hierfür in y- und x-Richtung separat:

y-Richtung:

$$m(v_A) \cdot w + m(v_B) \cdot w = M(\overline{v}) \cdot w$$
$$\Rightarrow \quad m(v_A) + m(v_B) = M(\overline{v})$$

x-Richtung:

$$m(v_A) \cdot u_A + m(v_B) \cdot u_B = M(\overline{v}) \cdot \overline{u}$$

---

41 Man beachte, dass die relativistischen Additionstheoreme für Geschwindigkeiten anzuwenden sind, was für die nachfolgende Betrachtung jedoch nicht im Detail durchgeführt werden muss.

Diese Gleichungen gelten auch für den Spezialfall (Grenzfall) $w = 0$, also für $v_A = u_A$, $v_B = u_B$ und $\bar{v} = \bar{u}$:

$$m(u_A) + m(u_B) = M(\bar{u})$$

$$m(u_A) \cdot u_A + m(u_B) \cdot u_B = M(\bar{u}) \cdot \bar{u} \tag{25.1}$$

Ruht eine der Kugeln, z. B. B, vor dem Stoß, so folgt mit $u_A = u$ und $u_B = 0$ aus diesen Gleichungen:

$$m(u) + m(0) = M(\bar{u}) \,,$$

$$m(u) \cdot u = M(\bar{u}) \cdot \bar{u} \,,$$

Setzt man die obere Gleichung in die untere ein, so erhält man schließlich:

$$m(u) \cdot u = (m(u) + m(0)) \cdot \bar{u} \,. \tag{25.2}$$

Man kann nun noch eine Beziehung zwischen den Geschwindigkeiten u und $\bar{u}$ ermitteln, indem man den zuletzt betrachteten Stoßvorgang in einem dritten Inertialsystem untersucht, das sich mit der Geschwindigkeit u nach rechts gegenüber dem ersten System bewegt (Abb. 25.3). Dort vertauschen die vor dem Stoß ruhenden bzw. bewegten Kugeln ihre Rollen, d. h. es ist $u_A' = 0$ und $u_B' = -u$. Daraus folgt die wichtige Erkenntnis, dass der Stoß spiegelbildlich zum ersten System abläuft, die Geschwindigkeit $\bar{u}'$ des Stoßprodukts also genau entgegengesetzt seiner Geschwindigkeit $\bar{u}$ im ersten System sein muss:

$$\bar{u}' = -\bar{u} \,. \tag{25.3}$$

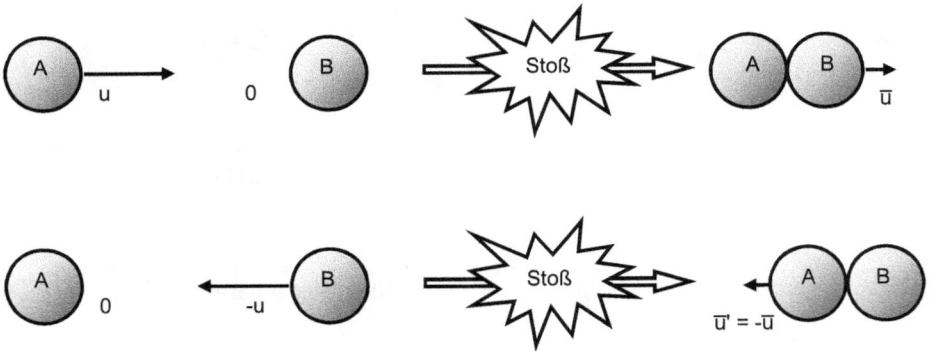

Abb. 25.3: Oben: Vollkommen inelastischer Stoß der mit Geschwindigkeit u bewegten Kugel A gegen die ruhende Kugel B. Unten: Derselbe Stoßprozess gesehen in einem zweiten Inertialsystem, das sich mit Geschwindigkeit $(+u)$ gegenüber dem oberen ersten System bewegt (bzw. umgekehrt: oben gesehen in einem System, dass sich mit Geschwindigkeit $(-u)$ gegenüber dem unteren bewegt). Die Geschwindigkeit $\bar{u}'$ des Stoßprodukts ergibt sich einmal aus der Spiegelsymmetrie des Vorgangs zu $(-\bar{u})$ und zum zweiten formal aus dem Additionstheorem für Geschwindigkeiten.

Des Weiteren kann man diese Geschwindigkeit $\bar{u}'$ auch ermitteln, indem man die Geschwindigkeit $(-u)$ des ersten Systems gegenüber dem dritten System zur Geschwindigkeit $\bar{u}$ des Stoßprodukts im ersten System addiert, wobei man im Rahmen der Relativitätstheorie das Additionstheorem für Geschwindigkeiten anwenden muss (s. Gl. (20.1)). Dies ergibt:

$$\bar{u}' = \frac{(-u + \bar{u})}{\left(1 - \frac{u\bar{u}}{c^2}\right)}. \tag{25.4}$$

Aus den Gln. (25.2), (25.3) und (25.4) erhält man nach längerer Rechnung (s. Anhang) die Formel für die relativistische, bewegte Masse:

$$m(u) = \frac{m(0)}{\sqrt{1 - \frac{u^2}{c^2}}} = \gamma(u) \cdot m(0) \tag{25.5}$$

Mit zunehmender Geschwindigkeit u wächst also die Ruhemasse $m(0) = m_0$ eines Objekts gemäß dem Gammafaktor γ zur relativistischen Masse $m(u)$.[42]

Man beachte, dass die Gl. (25.1) ohne Besonderheiten der relativistischen Mechanik hergeleitet wurde. Der Einfluss der Relativitätstheorie kommt erst in Gl. (25.4) zum Tragen, in der das Additionstheorem für Geschwindigkeiten angewendet wird.

---

42 Die moderne Sprechweise nennt die Ruhemasse m_0 typischerweise einfach die Masse eines Objekts, die bei Bewegung mit dem Faktor γ zu versehen ist.

26 Äquivalenz von Masse und Energie

Erster Schritt: E = m · konstant

Mit den obigen Ergebnissen ist man nun gerüstet, die berühmte Formel $E = m \cdot c^2$ nachzuvollziehen, die die Äquivalenz von Masse und Energie zum Ausdruck bringt.

Zu diesem Zweck wird wieder der zentrale Stoß von zwei gleichartigen Kugeln betrachtet. Diese sollen diesmal allerdings quasi als Stoßdämpfer Federn tragen, die beim Zusammenstoß der Kugeln komprimiert werden und dadurch Energie als Federenergie (potenzielle Energie) speichern. Die Federn sollen ferner mit einem nicht näher erläuterten Rastmechanismus versehen sein, der nur die Kompression der Federn und nicht deren anschließende Expansion erlaubt. Nach einem einmaligen Zusammendrücken bleibt eine solche Feder also zusammengedrückt und die aufgenommene Energie in der Feder gespeichert.

Ein <u>erster Versuch</u> möge gemäß Abb. 26.1 wie folgt ablaufen:

1. Die beiden Kugeln ruhen anfänglich und haben somit gemeinsam das Doppelte der Ruhemasse, also $2 \cdot m(0)$.
2. Die Kugeln werden dann so in Bewegung gesetzt, dass sie mit entgegengesetzt gleichen Geschwindigkeiten u bzw. (−u) aufeinander zu fliegen. In diesem Zustand haben die beiden Kugeln zusammen die Masse $2 \cdot m(u)$.
3. Die Kugeln werden danach abgebremst, beispielsweise durch Reibung, und bleiben schließlich in Kontakt zueinander liegen, ohne dass jedoch die Federn komprimiert würden. Somit sind die Kugeln ohne weitere innere Veränderung einfach zur Ruhe gekommen und haben daher gemeinsam wieder das Doppelte der Ruhemasse, also $2 \cdot m(0)$.

In einem <u>zweiten Versuch</u> werden gemäß Abb. 26.2 die Kugeln in Schritt 3 nicht durch äußere Einflüsse gebremst, sondern prallen mit ihren Federn aufeinander. Die Federn werden dabei komprimiert, bis die Kugeln zur Ruhe kommen und einen gemeinsamen Körper bilden. Während die beiden Kugeln unmittelbar vor dem Stoß wieder gemeinsam die Masse $2 \cdot m(u)$ haben, hat der zusammengesetzte Körper nach dem Stoß eine (unbekannte) Ruhemasse, die mit M(0) bezeichnet sei.

Da es sich um einen vollkommen inelastischen Stoß handelt, gilt für die beteiligten Massen die Gl. (25.1) mit $u_A = u$, $u_B = (-u)$ und $\overline{u} = 0$:

$$m(u) + m(-u) = M(0) .$$

Unter Beachtung von $m(u) = m(-u)$ (die relativistische Masse hängt nur vom Betrag der Geschwindigkeit ab) und der Gl. (25.5) für die relativistische Masse ergibt sich hieraus:

$$M(0) = 2 \cdot m(u) = 2 \cdot \gamma \cdot m(0) .$$

Dies kann man auch schreiben als

$$M(0) = 2 \cdot m(0) + [\gamma - 1] \cdot 2 \cdot m(0) = 2 \cdot m(0) + \Delta M .$$

https://doi.org/10.1515/9783110737455-026

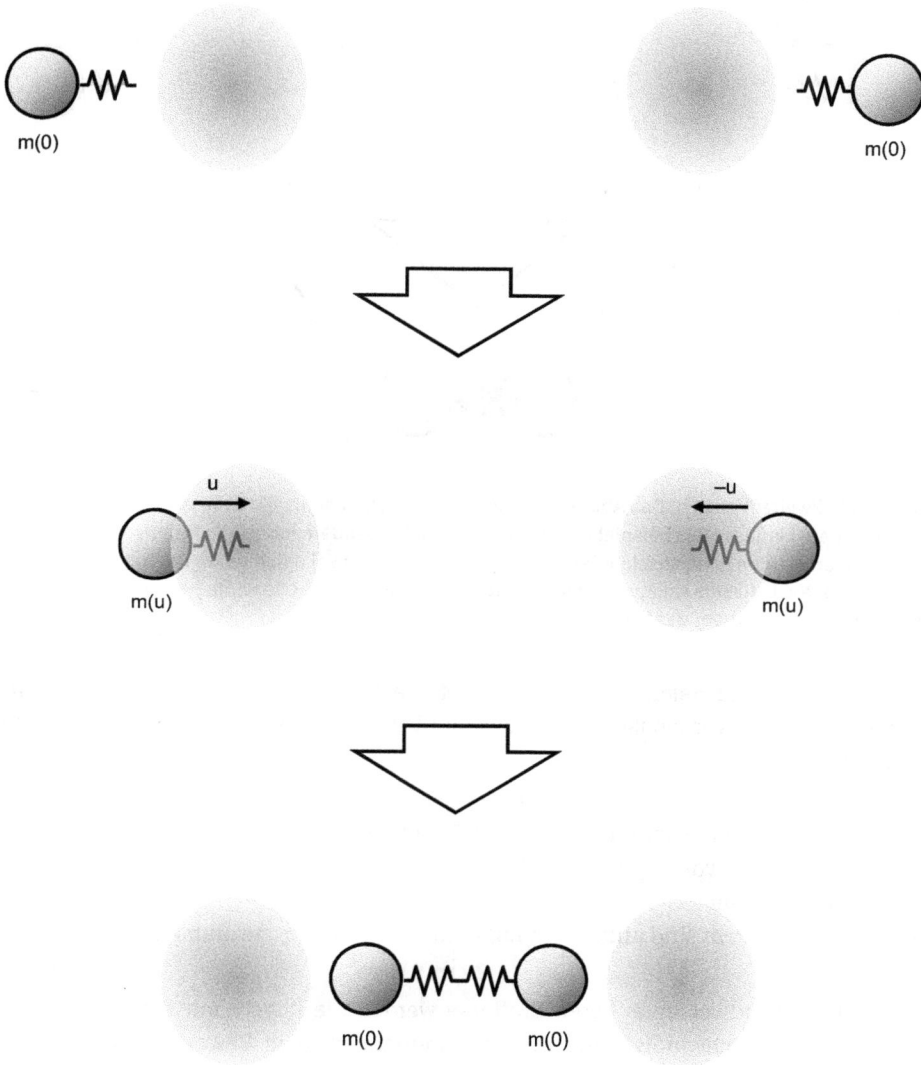

Abb. 26.1: Erster Versuch: Zwei baugleiche Kugeln mit einer Kompressionsfeder daran befinden sich anfänglich in Ruhe (oberste Zeile) und werden dann mit entgegengesetzt gleichen Geschwindigkeiten u bzw. (−u) aufeinander zu bewegt (mittlere Zeile). Bevor sie sich treffen, passieren sie eine Staubwolke, die sie auf Geschwindigkeit 0 abbremst. Hinter der Staubwolke bleiben die beiden Kugeln daher ruhend in Kontakt zueinander liegen, ohne dass die Federn komprimiert würden (unterste Zeile). Die Masse einer jeden Kugel ist zu Anfang und zu Ende des Versuchs offensichtlich jeweils gleich der Ruhemasse m(0).

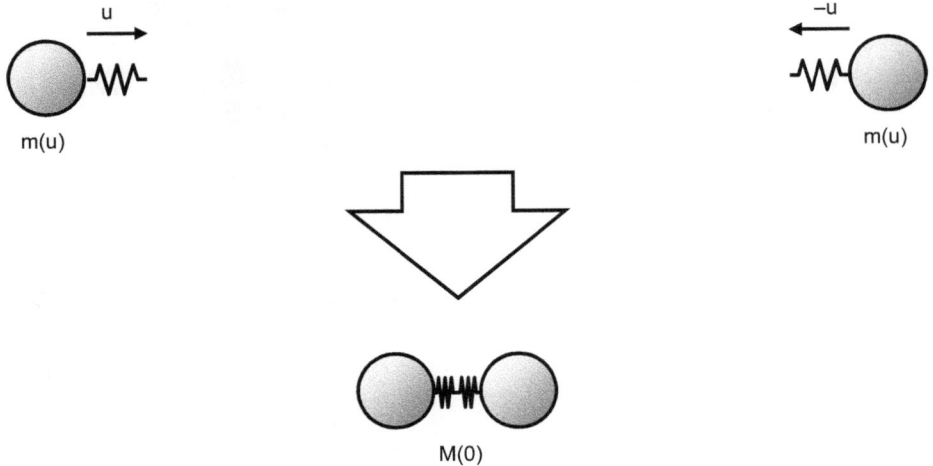

Abb. 26.2: Zweiter Versuch: Das Abbremsen der Kugeln erfolgt anders als beim ersten Versuch nicht durch äußere Einflüsse wie beispielsweise die Staubwolke, sondern indem die Federn der Kugeln komprimiert werden (eine anschließende Expansion der Federn sei durch deren Bauweise ausgeschlossen). Nach diesem vollkommen inelastischen Zusammenstoß bilden die beiden Kugeln somit gemeinsam einen Körper der Masse M(0).

Während beim ersten Versuch aus der Masse $2 \cdot m(u)$ nach dem Stoß die Gesamtmasse $2 \cdot m(0)$ geworden ist, ist beim zweiten Versuch die entstandene Gesamtmasse $M(0)$ um den Betrag

$$\Delta M = [\gamma - 1] \cdot 2 \cdot m(0) > 0 \qquad (26.1)$$

größer als die Summe der Ruhemassen $m(0)$ der beiden Kugeln.

Was geht hier vor? Fassen wir die gewonnenen Erkenntnisse noch einmal übersichtlich zusammen:

1. Die zwei Kugeln sind anfangs in Ruhe und haben beide zusammen die Masse
    $$\mathbf{2 \cdot m(0)} \,.$$

2. Durch irgendwelche äußeren Einflüsse werden die Kugeln mit entgegengesetzt gleichen Geschwindigkeiten u, (–u) aufeinander zu in Bewegung gesetzt. Die Summe ihrer Massen wird dadurch
    $$\mathbf{2 \cdot m(u)} = 2 \cdot \gamma \cdot m(0) = 2 \cdot m(0) + \Delta M \,.$$

3. Die Kugeln stoßen zusammen und speichern (beim zweiten Versuch) Energie in der Kompression der Federn. Die Masse des gebildeten Gesamtkörpers ist
    $$\mathbf{M(0)} = 2 \cdot m(0) + \Delta M \,.$$

Durch das In-Bewegung-setzen der anfangs ruhenden Kugeln wird diesen also ein Etwas von außen zugeführt, das sich in einer Zunahme der Masse um ΔM niederschlägt. Dieses Etwas wächst offensichtlich monoton mit dem Geschwindigkeitsbetrag u der Kugeln (s. Gl. (26.1): $\gamma = \gamma(u)$ wächst monoton mit u). Ferner kann es aus der Bewegung der Kugeln wieder entnommen und in einer Feder gespeichert werden.[43] Dabei kann anstelle der Feder jede geeignete Vorrichtung eingesetzt werden, die die Bewegung der Kugeln auf null abbremsen kann und dabei keine Veränderungen in der Umgebung hinterlässt, sondern sich nur innerlich verändert. Diese inneren Veränderungen können beliebiger Natur sein (mechanischer, chemischer, kernphysikalischer etc.), denn zu diesen Einzelheiten wurden bei dem Gedankenexperiment keine näheren Voraussetzungen gemacht.

Das Verhalten des mysteriösen Etwas entspricht demjenigen, das man in der klassischen Physik von der Energie kennt. Auch diese kann in verschiedene Formen (kinetische, potenzielle, chemische, elektrische, thermische etc.) umgewandelt werden, wobei ihre Summe konstant bleibt, wenn man die verschiedenen Energieformen mit geeigneten (konstanten) Faktoren ineinander umrechnet. Daher soll im Folgenden das Etwas als **Energie** bezeichnet werden.

Demnach kann bei zwei Kugeln oder ganz allgemein bei beliebigen Körpern von außen zugeführte Energie in eine Massenzunahme umgewandelt werden – oder umgekehrt eine Massenabnahme zu einer entsprechenden Energieabgabe führen. Da es bei der Feder keine Rolle spielte, auf welche Weise sie die Energie gespeichert hat, kann man ferner annehmen, dass jede Ruhemasse m(0) einer gespeicherten Energie entspricht, die theoretisch auch (komplett) freigesetzt werden kann. Denn auch eine komprimierte Feder ist in Ruhe und kann Masse allein dadurch verlieren, dass sie sich entspannt. Dies führt zu der Schlussfolgerung, dass Energie und Masse äquivalente Begriffe sind.

Da die Energie im Rahmen der relativistischen Dynamik bisher noch nicht eigenständig definiert wurde, kann man dies an dieser Stelle tun und einfach eine Proportionalität zwischen Energie und (relativistischer) Masse ansetzen mit einem frei wählbaren, konstanten Proportionalitätsfaktor k:

$$E = m(u) \cdot k \,. \tag{26.2}$$

Verwandtschaft zur klassischen kinetischen Energie

Man kann nun noch weitergehen und die soeben definierte Energie nicht als einen völlig neuen Begriff stehen lassen, sondern versuchen, ihn mit dem klassischen Begriff der Energie in Verbindung zu bringen. Ein Indiz in diese Richtung bekommt man, wenn man den Gammafaktor für kleine Geschwindigkeiten u ≪ c wie folgt annähert:[44]

$$\gamma = \left(1 - \frac{u^2}{c^2}\right)^{-\frac{1}{2}} = 1 + \left(\frac{1}{2} + \frac{3}{8} \cdot \frac{u^2}{c^2} + \ldots\right) \cdot \frac{u^2}{c^2} \approx 1 + \frac{u^2}{2c^2} \,.$$

---

43 Im ersten Versuch wurde das Etwas dagegen an die Umgebung (Staubwolken) abgegeben, wodurch die Massenänderung ΔM offensichtlich in der Umgebung zu suchen wäre.

44 Grundlage ist die Taylorreihe $f(\varepsilon) = f(0) + f'(0) \cdot \varepsilon + f''(0)/2 \cdot \varepsilon^2 + \ldots$ für die Funktion $f(u^2/c^2) = (1 - u^2/c^2)^{-1/2}$.

Dann wird nämlich aus der Massenzunahme:

$$\Delta M = [\gamma - 1] \cdot 2 \cdot m(0) \approx \left[\frac{u^2}{2c^2}\right] \cdot 2 \cdot m(0) = \frac{2}{c^2} \cdot \left(\frac{1}{2} \cdot m(0) \cdot u^2\right) = \frac{2}{c^2} \cdot T_{kin} \,.$$

Hierbei ist $T_{kin} = (1/2) \cdot m(0) \cdot u^2$ der Wert, der klassisch als die kinetische Energie einer mit Geschwindigkeit u bewegten Kugel angesetzt wird (der Faktor 2 in der Gl. (26.1) für die Massenzunahme ΔM beruht schlichtweg darauf, dass <u>zwei</u> Kugeln vorhanden sind).

Vorstehende Überlegungen legen den Schluss nahe, den Proportionalitätsfaktor k in Gl. (26.2) als $k = c^2$ festzulegen. Dies wird nachfolgend noch auf eine solidere Basis gestellt.

Zuvor sei jedoch noch eine Anmerkung zur kinetischen Energie erlaubt: Sowohl im klassischen Fall $T_{kin} = (1/2) \cdot m(0) \cdot u^2$ als auch im relativistischen Fall $T_{kin} = m(u) \cdot k - m(0) \cdot k$ hängt die kinetische Energie eines Körpers von der Geschwindigkeit u ab, mit der er sich bewegt. Das bedeutet, dass man dem Körper die kinetische Energie einfach durch den Übergang in sein Ruhesystem, in dem er die Geschwindigkeit null hat, nehmen kann. Hatte die kinetische Energie daher keine reale Basis? Doch, denn mit dem Übergang ins Ruhesystem des bewegten Körpers erhalten umgekehrt alle anderen Dinge, die vorher in Ruhe waren und jetzt in Bewegung sind, plötzlich eine kinetische Energie. Man kann also kinetische Energie nicht einfach mit einem Taschenspielertrick komplett verschwinden lassen, sondern nur – wie bei anderen Energien auch – die Nulllinie mehr oder weniger frei definieren. Besonders deutlich wird dies in den oben beschriebenen Versuchen bei den mit Geschwindigkeit $u_1 = u$ bzw. $u_2 = -u$ aufeinander zu bewegten Körpern: Geht man ins Ruhesystem des einen über ($u_1' = 0$), so hat er dort die Ruhemasse $m(0)$ und seine kinetische Energie verschwindet; gleichzeitig misst man für den anderen Körper jedoch eine größere Geschwindigkeit $|u_2'| > |u_2|$ (Achtung: relativistisches Additionstheorem für Geschwindigkeiten anwenden), d. h. seine kinetische Energie vergrößert sich.

Zweiter Schritt: E = m · c²

Im Folgenden wird der Proportionalitätsfaktor k in Gl. (26.2) aus einer unabhängigen Definition der Energie hergeleitet. Dazu wird nach Abb. 26.3 eine Kugel der relativistischen Masse m(u) betrachtet, die in x-Richtung mit einer konstanten Kraft F (definiert beispielsweise über die Wirkung einer Feder mit konstantem Auszug) beschleunigt wird. Zu einem gegebenen Zeitpunkt t befindet sich diese Masse an der Position x(t) und hat dort die Geschwindigkeit $u = \dot{x}(t)$ sowie entsprechend die relativistische Masse $m(u) = \gamma \cdot m_0$.

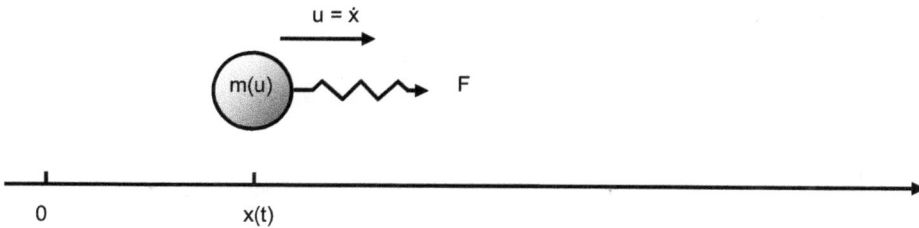

Abb. 26.3: Eine Masse wird von einer konstanten Kraft F in x-Richtung beschleunigt.

Für die Berechnung der Energie werden dabei zwei Voraussetzungen gemacht:

1. Wie in der klassischen Mechanik sei angenommen, dass die einem Körper zugeführte Energie ΔE gleich dem Produkt aus vom Körper zurückgelegtem Weg Δx und der dabei in Richtung des Wegss wirkenden Kraft F sei gemäß

$$\Delta E = F \cdot \Delta x \,.$$

2. Ferner wird wie in der klassischen Mechanik das zweite Newtonsche Gesetz angenommen, und zwar in der allgemeinen Form, dass die Kraft F der zeitlichen Änderung (Zeitableitung d/dt) des Impulses ($p = m \cdot u$) entspricht[45]:

$$F = \frac{d}{dt}(m \cdot u) \,.$$

Ausgehend von diesen beiden Grundannahmen kann mit einfachen Methoden der Differenzialrechnung abgeleitet werden (s. Anhang), dass eine Kugel, die aus anfänglicher Ruhe ($u = 0$) mit konstanter Kraft F bis zu einer Geschwindigkeit u beschleunigt wird, folgende Energiedifferenz ΔE zugeführt bekommt:

$$\Delta E = E(u) - E_0 = m_0 \cdot \gamma \cdot c^2 - m_0 \cdot c^2 = m \cdot c^2 - m_0 \cdot c^2 \,. \tag{26.3}$$

Der Vergleich mit Gl. (26.2) zeigt, dass der gesuchte Proportionalitätsfaktor k den Wert c^2 hat. Die Gleichung wird damit zur berühmten Formel

Äquivalenz von Masse und Energie:

$$\mathbf{E = m \cdot c^2} \,.$$

Hiermit möge der Einstieg in die Spezielle Relativitätstheorie beendet sein, da man aufhören soll, wenn es am schönsten ist[46].

---

45 Bei konstanter Masse wird hieraus das bekanntere Gesetz Kraft ist Masse mal Beschleunigung, $F = m \cdot a$.

46 Noch schöner wäre es natürlich, wenn der Leser das Dargelegte beispielsweise mithilfe der im Anhang zitierten Literatur weiter ausbauen oder gerne auch kritisch hinterfragen würde.

A Anhang

Relativistische Masse

Berechnung der Gl. (25.5) für die Geschwindigkeitsabhängigkeit der relativistischen Masse m(u) aus den Gl. (14.8), (25.2), (25.3) und (25.4).

(25.3) und (25.4):
$$-\overline{u} = \overline{u}' = \frac{\overline{u} - u}{1 - \frac{u\overline{u}}{c^2}} \qquad \left| \cdot uc^2 \left(1 - \frac{u\overline{u}}{c^2} \right) \right.$$

$$\Leftrightarrow \qquad -\overline{u}u \left(c^2 - \overline{u}u \right) = uc^2\overline{u} - u^2c^2$$

$$\Leftrightarrow \qquad (\overline{u}u)^2 - 2c^2(\overline{u}u) = -u^2c^2 \qquad \left| + c^4 \right.$$

$$\Leftrightarrow \qquad c^4 - 2c^2(\overline{u}u) + (\overline{u}u)^2 = c^4 - u^2c^2$$

$$\Leftrightarrow \qquad \left[c^2 - (\overline{u}u) \right]^2 = c^4 \left(1 - \frac{u^2}{c^2} \right) = \frac{c^4}{\gamma^2}$$

Wegen $\left[c^2 - (\overline{u}u) \right] > 0$ folgt:

$$\Rightarrow \quad c^2 - (\overline{u}u) = \frac{c^2}{\gamma} \quad \Rightarrow \overline{u}u = c^2 \left[1 - \frac{1}{\gamma} \right] \tag{A}$$

(25.2): $\qquad m(u) \cdot u = (m(u) + m(0)) \cdot \overline{u}$

$$\Rightarrow \quad m(u) = m(0) \left[\frac{\overline{u}}{u - \overline{u}} \right] = m(0) \left[\frac{1}{\frac{u^2}{\overline{u}u} - 1} \right] \tag{B}$$

(14.8): $\qquad \gamma = \sqrt{\frac{1}{1 - \frac{u^2}{c^2}}} \Rightarrow \gamma^2 = \frac{1}{1 - \frac{u^2}{c^2}}$

$$\Rightarrow \quad \frac{u^2}{c^2} = 1 - \frac{1}{\gamma^2} = \frac{\gamma^2 - 1}{\gamma^2} \tag{C}$$

(A) in (B): $\quad m(u) = m(0) \left[\frac{1}{\frac{u^2}{\overline{u}u} - 1} \right] = \frac{m(0)}{\frac{u^2}{c^2\left[1 - \frac{1}{\gamma}\right]} - 1} = \frac{m(0)}{\frac{u^2}{c^2} \cdot \left(\frac{\gamma}{\gamma - 1} \right) - 1}$

Einsetzen von (C): $\quad m(u) = \dfrac{m(0)}{\frac{\gamma^2 - 1}{\gamma^2} \cdot \left(\frac{\gamma}{\gamma - 1} \right) - 1} = \dfrac{m(0)}{\frac{(\gamma - 1)(\gamma + 1)}{\gamma^2} \cdot \left(\frac{\gamma}{\gamma - 1} \right) - 1} = \dfrac{m(0)}{\frac{(\gamma + 1)}{\gamma} - 1}$

$$= \gamma \cdot m(0)$$

https://doi.org/10.1515/9783110737455-027

Energie

Die durch eine konstante Einwirkung der Kraft F auf eine Masse m übertragene Energie berechnet sich wie folgt:

Gemäß der Definition Energie (oder Arbeit) ist Kraft mal Weg, beträgt die auf dem (infinitesimalen) Wegstück dx übertragene Energie dE:

$$dE = F \cdot dx = \frac{d}{dt}(mu) \cdot dx = \left(\frac{dm}{dt} \cdot u + m \cdot \frac{du}{dt} \right) \cdot (u \cdot dt)$$

$$\text{Nebenrechnung 1:} \quad \frac{dm}{dt} = \frac{dm}{du} \cdot \frac{du}{dt}$$

$$= \frac{dm}{du} \cdot \frac{du}{dt} \cdot u^2 \, dt + m \cdot \frac{du}{dt} \cdot (u \cdot dt)$$

$$\text{Nebenrechnung 2:} \quad \frac{du}{dt} \cdot dt = du$$

$$= \left\{ \frac{dm}{du} \cdot u^2 + m \cdot u \right\} \cdot du$$

$$\Rightarrow \quad \frac{dE}{du} = \frac{dm}{du} \cdot u^2 + m \cdot u = \frac{dm}{du} \cdot u^2 + \gamma m_0 \cdot u$$

$$\text{Nebenrechnung 3:} \quad \frac{dm}{du} = \frac{d}{du}(m_0 \cdot \gamma) = m_0 \cdot \frac{d}{du} \left(1 - \frac{u^2}{c^2} \right)^{-\frac{1}{2}}$$

$$= \left(\frac{-m_0}{2} \right) \left(1 - \frac{u^2}{c^2} \right)^{-\frac{3}{2}} \left(\frac{-2u}{c^2} \right) = \left(\frac{m_0 u}{c^2} \right) \cdot \gamma^3$$

$$= \left(\frac{m_0 u}{c^2} \right) \cdot \gamma^3 \cdot u^2 + \gamma m_0 \cdot u = \gamma m_0 \cdot u \cdot \left(\frac{u^2}{c^2} \cdot \gamma^2 + 1 \right)$$

$$\text{Nebenrechnung 4:} \quad \frac{u^2}{c^2} \cdot \gamma^2 + 1 = \frac{\frac{u^2}{c^2}}{1 - \frac{u^2}{c^2}} + 1 = \frac{\frac{u^2}{c^2} + 1 - \frac{u^2}{c^2}}{1 - \frac{u^2}{c^2}} = \frac{1}{1 - \frac{u^2}{c^2}} = \gamma^2$$

$$= \gamma m_0 \cdot u \cdot \gamma^2 = m_0 \cdot u \cdot \gamma^3$$

mit Nebenrechnung 3:

$$= c^2 \cdot \frac{dm}{du} = c^2 \cdot \frac{d}{du}(\gamma m_0) = m_0 c^2 \cdot \frac{d\gamma}{du}$$

$$\Rightarrow \quad E(u) - E(0) = \int_0^u \left(\frac{dE}{du} \right) du = \int_0^u \left(m_0 c^2 \cdot \frac{d\gamma}{du} \right) du = m_0 c^2 \cdot [\gamma]_0^u$$

$$= m_0 c^2 \, [\gamma(u) - \gamma(0)] = \gamma(u) \cdot m_0 c^2 - m_0 c^2 = m(u) \cdot c^2 - m_0 c^2$$

$$= mc^2 - m_0 c^2$$

Literatur

In den vorangehenden Kapiteln sollten die gedanklichen Grundlagen der Speziellen Relativitätstheorie möglichst gründlich nachvollziehbar und transparent dargelegt werden. Sofern dies gelungen ist, wäre damit eine Basis geben für ein vertieftes Studium, das u. a. auch die (hier nicht angesprochene) historische Entwicklung der Theorie einschließt. Zu diesem Zweck seien abschließend in alphabetischer Reihenfolge einige Literaturhinweise angefügt, die auf den Erfahrungen des Autors beruhen und keinerlei Anspruch auf Vollständigkeit erheben.

Max Born: *Die Relativitätstheorie Einsteins*. Springer Verlag: Dieses hervorragende Buch ist vermutlich leider nur noch im Antiquariat erhältlich. Es behandelt die Relativitätstheorie sehr gründlich und anschaulich sowie ohne mathematische Voraussetzungen und widmet auch der historischen Entwicklung breiten Raum.

Jürgen Brandes, Jan Czerniawski: *Spezielle und Allgemeine Relativitätstheorie für Physiker und Philosophen*. VRI – Verlag relativistischer Interpretationen: Ein Plädoyer für die sogenannte Lorentz-Interpretation der speziellen Relativitätstheorie, wonach Zeitdilatation und Längenkontraktion durch Wechselwirkungen erklärt werden sollten.

Albert Einstein: *Über die spezielle und die allgemeine Relativitätstheorie* und *Grundzüge der Relativitätstheorie*. beide Fr. Vieweg & Sohn Verlag: Vom Schöpfer der Relativitätstheorien verfasste allgemeinverständliche Darstellungen.

Anthony P. French: *Die spezielle Relativitätstheorie – M.I.T. Einführungskurs Physik*. Fr. Vieweg & Sohn Verlag: Gut lesbare breite Darstellung, auch der historischen Entwicklung.

Holger Göbel: *Gravitation und Relativität*. de Gruyter: Kurzdurchgang durch die Spezielle Relativitätstheorie und hervorragende Einführung in die Allgemeine Relativitätstheorie (Universitätsniveau).

Helmut Günther: *Spezielle Relativitätstheorie: Ein neuer Einstieg in Einsteins Welt*. Vieweg + Teubner Verlag: Auf Universitätsniveau wird hier ein ähnlicher Ansatz wie im vorliegenden Buch basierend auf dem Verhalten von Maßstäben und Uhren verfolgt.

Helmut Hetznecker: *Relativitätstheorie für Dummies*. Wiley-VCH: Historische Darstellung sowie sehr gute allgemeinverständliche Erläuterung der Speziellen und Allgemeinen Relativitätstheorie.

Banesh Hoffmann: *Einsteins Ideen: Das Relativitätsprinzip und seine historischen Wurzeln*. Spektrum Verlag: Sehr anschauliche und gut verständliche populärwissenschaftliche Darstellung.

Grit Kalies: *Vom Energiegehalt ruhender Körper*. de Gruyter: Sehr lesenswerte kritische Hinterfragung der Relativitätstheorie und der Formel $E = mc^2$ mit Vorstellung eines alternativen Ansatzes.

Ulrich E. Schröder: *Spezielle Relativitätstheorie*. Verlag Harri Deutsch: Einführung in die Relativitätstheorie auf Universitätsniveau.

Julian Schwinger: *Einsteins Erbe: Die Einheit von Raum und Zeit*. Spektrum Verlag: Sehr anschauliche und gut verständliche populärwissenschaftliche Darstellung.

Tatsu Takeuchi: *An Illustrated Guide to Relativity*. Cambridge University Press: Illustration der Speziellen Relativitätstheorie mit zahlreichen Darstellungen und Raumzeitdiagrammen.

https://doi.org/10.1515/9783110737455-028

Stichwortverzeichnis

https://doi.org/10.1515/9783110737455-029